Die

Thierische Leimung

für

endloses Papier.

Die

Thierische Leimung

für

endloses Papier.

Ein Verfahren der Praxis entnommen

von

Ferdinand Jagenberg.

Mit in den Text gedruckten Abbildungen und einer lithographirten Tafel.

Springer-Verlag Berlin Heidelberg GmbH

1878.

Additional material to this book can be downloaded from http://extras.springer.com

ISBN 978-3-662-23932-2   ISBN 978-3-662-26044-9 (eBook)
DOI 10.1007/978-3-662-26044-9

Das Recht der Uebersetzung in fremde Sprachen bleibt vorbehalten.

„Wir bedauern, dass bei Etablirung neuer, und der Er-
„weiterung so vieler alter Papierfabriken während der Gründer-
„periode die Aktiengesellschaften nicht vielmehr darauf bedacht
„waren, durch Einführung der thierischen Leimung die deutsche
„Papierindustrie zu heben und der englischen und amerikanischen
„ebenbürtig zu machen, als dadurch, dass sie von der Massen-
„produktion ihr Heil erwarteten und eine Ueberproduktion in's
„Leben riefen, welche der deutschen Papierproduktion auf lange
„Jahre hinaus einen Todesstoss versetzen musste.“

(Dr. L. Müller, Fabrikation des Papiers.)

Allerdings glaube auch ich, wie der hochgeschätzte Dr.
L. Müller, dass man während der Gründerperiode Manches hätte
besser machen können, als man gethan hat. Doch hin ist hin.
Jene Periode mit ihren Toll- und Thorheiten lässt sich nicht
mehr ungeschehen machen. Sie gehört der Geschichte an, und
ein Mann, der mitten im bewegten Industrieleben steht, blickt
nur zurück, um gute Lehren zu ziehen.

Wir müssen vorwärts. Tüchtige Männer, Professor Reu-
leaux an ihrer Spitze, haben uns den Wegweiser gesteckt. Wir
können kaum mehr im Zweifel sein über das, was wir zu thun
und lassen haben. Auch Dr. L. Müller hat die Richtung erkannt.
Seine Ideen, die er zur Besserung und Hebung der Papierindustrie in der neuen Auflage seines berühmten Werkes ver-
öffentlichte, beweisen das. Nur mit einem einzigen Vorschlag
hielt er hinter'm Berg. Ich kann seine Gründe dazu nicht auf-

finden. Warum soll die Einführung der thierischen Papierleimung zur Gründerzeit, warum nicht auch später für die deutsche
Papierindustrie heilsam gewesen sein? Warum nicht jetzt heilsam
sein? Glaubte Dr. Müller etwa, dass nur damals die Einführung
möglich sein konnte, und bezweifelte er die Möglichkeit der
Einführung in einer Zeit, wo sich die Gemüther in Ruhe gesammelt haben? Ich habe keine Gründe für eine derartige An-
nahme finden können, und Dr. Müller hat wahrscheinlich auch
keine.

Mit seiner Erlaubniss glaube ich daher weiter gehen zu
dürfen, als er that, und die auf der Hand liegenden Schlüsse
aus dem vorangeschickten Ausspruch zu ziehen. Ich löse den
Zusammenhang mit vergangener Zeit und übertrage den Sinn
auf die Gegenwart:

„Man sei darauf bedacht, durch Einführung der
„thierischen Leimung die deutsche Papierindustrie
„zu heben und der englischen und amerikanischen
„ebenbürtig zu machen.

Inhalt.

Geschichtliches.

Der Papyrus der Alten scheint entweder gar nicht geleimt
gewesen zu sein oder doch nur in einer Weise, dass die Leimung dem Begriff, den wir mit „geleimtem Papier“ zu verbinden pflegen, nicht gerecht zu werden vermag, und wir die
Leimung als solche nicht anerkennen können. Ueberhaupt
kannten die Alten unsern Begriff „geleimt“ an ihrem Papyrus
nicht. Geleimte Papyrus waren auch überflüssig, weil die Alten
ganz andere Anforderungen an dieses Schreibmaterial stellten
und mit anderen Mitteln ihre Schriftzüge auftrugen, als wir das
heutzutage gewohnt sind zu thun. Man pflegte den beschriebenen
Papyrus zu rollen und daher nur einseitig zu beschreiben. Ob
dabei die schwarze Wasserfarbe auf die andere Seite durch-
drang, was schadete das?

Nach dem eigenen Ausspruch römischer Schriftsteller war
zwar mancher Papyrus geleimt. Jedoch man erstrebte einen
Zweck mit dem Leimen, der mit dem unsrigen sehr wenig ge-
mein hat. Man leimte, um den Fäserchen des Papyrus eine
grössere Verfilzungsfähigkeit und dem ganzen Blatt mithin be-
deutendere Festigkeit zu geben. Die Leimmaterialien scheinen
nach Plinius äusserst einfacher Natur gewesen zu sein. Besonders in Egypten. „Dort, sagt der alte Naturbeschreiber, be-
feuchtet man die aufeinandergeschichteten Papyrusblätter mit
Nilwasser, um sie zusammen zu kleben.“ „In Rom, fährt er
an einer andern Stelle zu erzählen fort, wo diese Blätter

später geglättet und gemäss der Mode zugerichtet werden, tränkt man sie sogar mit Leim. Den gewöhnlichen Leim bereitet man aus feinem Mehl, welches in kochendes Wasser gerührt wird, auf welches man einige Tropfen Weinessig geschüttet hat. Der beste Leim ist derjenige, welcher aus Krumen von gesäuertem Brod gemacht wird, welche mit kochendem Wasser eingerührt und durchgeschlagen werden. Das Papier wird dadurch so gleichmässig wie möglich und selbst glatter als die Leinwand. Uebrigens muss dieser Leim am folgenden Tag, nachdem er verfertigt ist, gebraucht werden, weder früher noch später." — Da haben wir es augenscheinlich mit demselben Verfahren zu thun, wonach wir unsere Papiere mit Stärke behandeln. Unsere Absicht, die wir durch Stärkezusatz zu erreichen streben, ist mit dem Endzweck des Kleisters gleichbedeutend, wie es auch der Schriftsteller mit klaren Worten bezeichnet. Sehr geschickt thut daher Plinius der Leinwand vergleichende Erwähnung. Er sagt damit offenbar, dass man hier wie dort mittelst Leim oder, besser gesagt, Kleister eine schöne Appretur hervorrufen wollte.

Hätten die Alten verstanden, ihren Papyrus in derselben Weise zu leimen, wie wir es heutzutage vermögen, so hätte dieses Schreibmaterial ihnen wie uns zu allen Zwecken genügt. Es ist aber bekannt, dass Schriftstücke, welchen ein höherer Werth beigelegt wurde, auf Pergament aufgetragen werden mussten. Dieses ist von Natur geleimt und bedarf keiner künstlichen Leimung. In der That war zu allen geschichtlichen Zeiten Bedarf für ein gut geleimtes Schreibmaterial vorhanden. Wir sehn durch lange Jahrhunderte hindurch das Pergament den hervorragendsten Platz in der Reihe derjenigen Stoffe einnehmen, auf welche die Menschen ihre Gedanken brachten, denen sie glaubten einen dauernden Werth beimessen zu dürfen. Wir wissen, wie die Mönche des Mittelalters sogar das Pergament dem wahrscheinlich im byzantinischen Reich erfundenen und dargestellten Baumwollpapier vorzogen, weil letzteres noch nicht geleimt war. Für die Eintagsfliegen der Gedanken war Baumwollpapier und egyptischer Papyrus eben gut genug. Daher blieb das Pergament bis in die neuere Zeit unentbehrlich, bis man das Lumpenpapier erfand und dieses mit thierischem Leim zu tränken lernte. Da erst verlor das Pergament seine Bedeutung als Schreibmaterial. Es erging ihm dabei wie dem Esel, der seine eigene Haut zu Markte tragen musste. Das Pergament wurde dazu bestimmt, seine eigenen Leimstoffe dem Lumpenpapier abzutreten.

Alle Anzeichen deuten darauf hin, dass Mittel-Deutschland, Nürnberg, der Ort ist, welchem die Erfindung des thierisch geleimten Lumpenpapiers zugeschrieben werden muss. Auf eine kritische Untersuchung dieser Thatsache können wir uns hier nicht einlassen. Ein Umstand dagegen muss uns ganz besonders interessant erscheinen. Es zeigt sich bei dem Umschwunge, der mit den Schreibmaterialien eintrat, recht klar und deutlich, dass Erfindungen nie sprungweise gemacht werden, sondern Neues sich logisch aus Gegebenem und schon Vorhandenem entwickelt. Den Leuten, die das Lumpenpapier in den Verbrauch einführen wollten, musste es darum zu thun sein, die Anwendbarkeit ihres Faserfilzes so vielseitig wie möglich zu machen und dem Verlangen des Volkes nach Kräften zuvorzukommen. Um Lumpenpapier als Ersatz für's Pergament tauglich darzustellen, musste man leimen. Was lag da näher, als dass man dem Pergament denjenigen Stoff entzog, der die Eigenschaft zeigte, so schön und gut zu leimen, und dass man mit dem gewonnenen Stoff das poröse Fasergebilde des Papiers tränkte? Ein solcher Gedanke war der nächstliegende, und die Ausführung musste sich vortrefflich bewähren.

Nachdem man spätere Erfahrung gesammelt, sowohl sich

über die Leimstoffe wie auch die Natur des Pergaments klar geworden, da war der nächste Schritt, den man zur Gewinnung des Leims aus pergamentähnlichen Stoffen that, kein so gewaltiger und gewagter mehr.

Geschichtlich begründet ist meine Darstellung der Erfindung des thierischen Leimes nicht. Es fehlt uns an geschichtlichen Anhaltspunkten. Nur steht fest, dass die Lumpenpapiere die ersten thierisch geleimten Papiere waren. Die Wahrscheinlichkeit für die Richtigkeit meiner Angaben liegt aber sehr nahe, weil sich die Entwicklung ganz von selbst durch die Natur der Sache ergiebt.

Bald brachte man die Papiermacherkunst zu einer solchen Vollendung und lernte so gut leimen, dass das Papier, sogar was Festigkeit anbelangt, dem Pergament nicht nachstand. Sowohl auf dem Studirtisch des Gelehrten, wie in den Kabinetten der Gesetzgeber gelangte das Lumpenpapier zur alleinigen Anwendung. Das Pergament wurde ganz und gar verdrängt. Wir wagen nicht zu viel, wenn wir diesen glänzenden Erfolg dem Leim zuschreiben. Ohne denselben würde auch das Lumpenpapier von nicht grösserer Bedeutung geworden sein und keine vielseitigere Anwendung gefunden haben, wie sein Vorgänger, der Papyrus. Ich glaube sogar, sein Werth würde den des alten Erzeugnisses lange nicht erreicht haben. Denn würde man es für möglich halten, dass das Lumpenpapier ungeleimt sich hätte so haltbar erweisen und dem verderbenden Einfluss der langen Zeiten widerstehen können wie der Papyrus, von dem uns bis auf den heutigen Tag 2000 jährige Stücke erhalten sind?

So Bedeutendes man mit dem thierischen Leim zu Wege brachte, und so unentbehrlich sich seine Verwendung zur Papiererzeugung machte, so fand man doch mit der Zeit eine neue Leimart. Im Jahre 1825 gaben die Gebr. Canson in Vidalon

ihr Harzleimverfahren an. Der Erfindung des Harzleims ging
die der Papiermaschine voraus. Die eingetretene Maschinenfabri-
kation machte die thierische Leimung in ihrer alten Form unmöglich. Nicht das Material selbst, sondern die Behandlungsart veraltete. Es eröffneten sich zwei Wege. Entweder musste
man analog der Papiermaschine auch Leimmaschinen bauen,
oder aber auf eine andere Art der Leimung sinnen. Letzteres
Problem lösten, wie schon gesagt, die Gebr. Canson. Ihr Verfahren bürgerte sich nach und nach in allen Festlandsfabriken
ein. Trotzdem man fest überzeugt war (und das ist man in
That noch heute), dass man mit der Harzleimerei einen Rück-
schritt gegen die bessere thierische Leimung machte, liess man
sich durch die ungemein einfache Harzbehandlung und Leimbildung hinreissen. Dagegen verfolgten den erstern Weg, die
Erfindung von zweckmässigen Leimmaschinen, die Engländer.
Sie liessen sich durch die scheinbaren Vortheile der Harzleimung nicht verleiten und blieben nach Ueberwindung grosser
Schwierigkeiten bei der thierischen Leimung. Zwar verwarfen
sie die vegetabilische Leimung nicht. Sie bauten vielmehr
solche Leimmaschinen, zu deren Betrieb eine theilweise Massen-
oder Harzleimung des Papiers unbedingt gehörte. So verbanden
sie die beiden Leimsorten und erreichten einen Standpunkt,
welcher der Maschinen-Papiererzeugung vollkommen entsprach,
ohne aber die Güte der Erzeugnisse gegen früher herabzu-
drücken, wie das auf dem Festland geschah.

Eine Thatsache, die die neueste Zeit zu verzeichnen hat,
beweist, wie einsichtsvolle Leute die Engländer waren. In
dem jüngsten Industrieland der Welt, Nordamerika, hat sich die
Papierfabrikation vor einigen Jahrzehnten zu entwickeln angefangen und ist seitdem zu grosser Blüthe gekommen. Der auf
das Praktische gerichtete Sinn der Amerikaner erkannte, dass
nur der thierische Leim dem allseitigen Bedürfniss entsprechen

könne. Die Papierfabrikanten haben, um dem Verlangen gerecht zu werden, ein sehr charakteristisches Leimverfahren in Ausführung gebracht und sind von den Engländern sehr weit abgewichen. Sie haben sich der ursprünglichen Leimbehandlung unserer Vorfahren eng angeschlossen und nur mit dem Unterschiede, dass sie Handarbeit in Maschinenarbeit umsetzten. Dieser kühne Rückgriff in eine geschwundene Zeit verdient unsere eingehendste Beachtung und sorgfältigste Prüfung. Denn die Amerikaner fangen an, uns mit ihren Prinzipien auf den Hals zu kommen und in unserm eignen Land als Wettbewerber mit uns aufzutreten.

Die Gefahr ist im Anzuge. Sollte es daher für die deutsche Papierfabrikation nicht rathsam sein, sich durch Einführung der thierischen Leimung den Amerikanern gegenüber zu rüsten? Die Beantwortung dieser Frage überlasse ich den gefährdeten Fabrikanten. Meiner Ansicht nach kann es keinen Falls schaden, wenn sich die deutschen Fabrikanten mit der thierischen Leimbehandlung vertraut machen.

Das soll der Zweck meiner Schrift sein. Unsere Literatur ist sehr dürftig auf dem Feld der thierischen Leimmethoden. Ein einziges Werk nur, das Hofmann'sche „Handbuch der Papierfabrikation", behandelt den Gegenstand nach seinem Werth. Hier ist das amerikanische Verfahren gründlich entwickelt und erörtert.

Zum Glück habe ich während meiner Praxis das englische Leimverfahren kennen gelernt und verwende dasselbe somit als Grundlage zu allen meinen Betrachtungen. Ich sagte „zum Glück;" denn zum Glück kann ich meinen Lesern Neues bieten und darf hoffen, dass mein Buch freundliche Aufnahme finden wird.

Das Leimgut.

Die Papierfabrikation steht im Gebiet der Technik vielleicht als einziges Beispiel da. Man ist sichtbar bestrebt, sich so unabhängig wie möglich von andern Industriezweigen zu machen und die Materialien selbständig zu gewinnen und herzurichten. Der Strom des Fortschritts hat den Papierfabrikanten dahin geleitet, dass letzterer sich seine Rohstoffe, die Fasern, nicht mehr vom Spinner und Weber und die Lumpen vom kleiderverschleissenden Publikum verarbeiten lässt, sondern er darauf ausgeht, seine Zellstoffe direkt der Natur abzuringen. Aus diesem Grunde ist die Papierfabrikation zu einem Riesenbaum herangewachsen, welcher seine Wurzeln weithin erstreckt und aus den verschiedenartigsten Gebieten Nahrung zu seinem Gedeihen aufnimmt. Ob solches Streben zum Vortheil der Fabrikanten sein kann, wollen wir nicht untersuchen — im Prinzip läuft's der Arbeitstheilung entgegen — ehrenvoll ist's auf jeden Fall.

Auch derjenige Fabrikant, welcher sein Papier thierisch leimen will, stellt sich seinen Leim selbst dar und thut daran sehr wohl. Denn der Leim, wie er von den Siedereien in den Handel gebracht wird, besitzt nicht grade diejenigen Eigenschaften, welche den Papiermacher befriedigen. In der Art und Weise der Leimbereitung liegt ein Mittel, durch welches ein brauchbares Material gewonnen wird, und welches nach allen Seiten hin günstige Ergebnisse hoffen lässt. Daher unterscheidet sich die Leimbereitung in einer Papierfabrik wesentlich von der Darstellung in einer Siederei. Wer die Unterschiede kennen lernen will, den verweise ich auf die Leim-Literatur. Himmelweit liegen die Verfahren nicht auseinander; doch besitzen sie des Charakteristischen genug.

Die organische Chemie lehrt, dass sich an die Gruppe der Eiweissstoffe eine Reihe von Verbindungen anschliesst, die als die eiweissartigen Körper oder Albuminoide bezeichnet werden. Zu den wichtigsten dieser gehören die Körper der Leimgruppe, und da solche durch gewisse Gewebe des thierischen Körpers vertreten werden, so bezeichnet man sie als die leimgebenden Gewebe oder das Leimgut. Hieher gehören die Knorpelsubstanz der Knochen, die permanenten Knorpel, Sehnen und Häute. In denselben ist jedoch das eigentlich leimgebende Gewebe mit andern Stoffen vielfach durchsetzt, so in den Knochen mit anorganischen Substanzen und in den Häuten mit Fasern, die keinen Leim liefern. Das Charakteristische des Leimguts besteht darin, dass es bei langem Kochen mit Wasser gelöst wird, und dass diese Lösung, wenn sie nicht allzu verdünnt ist, beim Erkalten zu einer fast weichen, elastischen, zitternden Masse erstarrt, die beim Erwärmen sich wieder verflüssigt, beim Erkalten wieder „gesteht." Diese Masse bezeichnet man als Gallerte, nach dem Austrocknen als Leim. Wir haben es nur mit jener zu thun.

Verschiedenartige Materialien geben verschiedenartige Leimsorten. Man unterscheidet Knochenleim, wenn er aus Knochen gezogen war, Lederleim, wenn Häute zu seiner Darstellung dienten etc. Von allen diesen Sorten eignet sich der Lederleim am vorzüglichsten zum Papierleimen. Das Rohmaterial dazu liefert hauptsächlich die thierische Haut, vor allem werden die in den Gerbereien beim Ausstreichen der Häute auf der Innenseite vorkommenden Abfälle, die abfallenden Endstücke, Ohren,

Kopf, Schwanz und Fusshäute, die Abfälle in der Weiss-
gerberei, Pergamentbereitung und endlich solche Häute benutzt,
die nicht zum Gerben tauglich sind, wie Hasen- oder Kaninchen-
bälge, oder als Verpackungsmaterial gedient haben (Suronen-
häute). Diese bilden den Stamm aller Leimbereitung, wie sie
auch ausschliesslich zur Leimbereitung verwendet wurden, zur
Zeit als die Leimsiederei noch in ihrem Anfangsstadium war.

Neueren Datums hat man Verfahren aufgedeckt, wodurch
das in der Lohe gegerbte Leder tauglich gemacht wird. Durch
besondere Behandlung muss dem Leder die Gerbsäure entzogen
werden, dann erst wird es zu Leimgut. Die Prozesse sind sehr
umständlich und zeitraubend und beanspruchen einen so grossen
Ballast von Apparaten, dass es aus diesen Gründen für den
Papierfabrikanten zweckmässig erscheint, von vorn herein das
gegerbte Leder zur Leimbereitung aus den Augen zu lassen.
Wen die Darstellung interessirt, verweise ich auf die Fach-
literatur. Für unsere Zwecke genügt das eingehende Studium
der Leimgewinnung aus oben genannten Hautabfällen etc.

Von diesen Materialien geben im Durchschnitt:

$$\text{rohe Häute bis} \ldots \ldots \ldots \ldots \ldots 50\% \text{ Leim}$$
$$\text{Abfall aus Weissgerbereien bis} \ldots \ldots 45\% \quad -$$
$$\text{Suronen, Hasenfelle etc.} \ldots \ldots \ldots 40\% \quad -$$

und die übrigen thierischen Stoffe im Verhältniss weniger, als
sie mit Blut, Fleisch, Haaren oder dergleichen verunreinigt
sind. Aus gemischtem Leimgut, wie es im Handel vorkommt,
wird im Mittel 25% trockener Leim erhalten.

Darstellung der Gallerte.

Unser Leimgut, Abfälle aus Gerbereien, altes weissgegerbtes
Leder, Pergament etc. kommt in einem sehr schmutzigen Zustand in den Handel und ist untermengt mit einer Menge
fremder Bestandtheile, die, wenn sie auch nicht grade der Leimbereitung schädlich zu sein vermögen, doch keinen Leim liefern.
Beim Einkauf hat man genau Acht zu haben, dass die Ver-
unreinigungen in möglichst geringer Menge vorhanden sind.
Nicht weniger hat man aufzupassen, dass man trockne Waare
kaufe. Die Händler verstehen es hier ebenso gut, wie diejenigen im Lumpenfach, dass das Leimgut begierig Wasser
in sich aufnimmt, und dass sie das Wasser theuer bezahlt bekommen. Nur ist die Gefahr grösser, da die Feuchtigkeit in
viel höherm Grade fäulnisserregend auf Leimgut einwirkt als
auf Lumpen. Es ist daher allen Leimfabrikanten dringend an-
zurathen, zur Aufbewahrung ihrer Rohstoffe absolut trockne
Räume herzurichten.

**Die Eigenschaft, dass das Leimgut begierig Wasser
aufsaugt und sich aufbläht, macht sich der Leimsieder
gleich zu Nutz.** Er gibt dem Leder vor dem Kochen einige
Bäder in kaltem Wasser. (In kaltem, weil erwärmtes Wasser
die leimigen Substanzen lösen würde.) Dadurch werden die
Hautporen geöffnet, und der spätere Kochprozess kann ener-

gischer und gleichförmiger in's Werk gesetzt werden. Nebenbei verrichtet der Sieder ein Hauptgeschäft. Er unterwirft das Leimgut einer gründlichen Reinigung und wäscht es mehrere Male aus.

Um die Arbeit zu beginnen, bestimmt man das ungefähre Quantum Leimgut, welches zu einer Kesselfüllung erforderlich ist. Wer sicher gehen will, wiegt sich die Menge jedesmal ab. Ich halte es für praktisch, die Kochapparate mit nicht weniger als 500 Ko. zu füllen. Dieses Quantum wird mit Dreck und Speck in eine grosse Bütte gebracht, und soviel kaltes Wasser aufgegossen, dass das Wasser schiesslich die obersten Schichten des Leimguts vollkommen überdeckt. So bleibt letzteres $1\frac{1}{2}$—2 Tage ruhig liegen. Dann wird die erste Waschung vorgenommen. Zwei Arbeiter gehen sich zur Hand. Sie stellen einen dem gebräuchlichen Lumpensortirtisch ähnlichen Siebtisch dicht an die Bütte heran. Während der eine das Leimgut auf den Tisch wirft, wäscht es der andere unter beständig auffliessendem Wasser, zerschneidet die übergrossen Stücke und sortirt die nicht zugehörigen Bestandtheile: Nägel, gegerbtes Leder, Porzellan, Bindfaden, Lumpen, Papier etc. etc. heraus.

Nach Beendigung der Prozedur bringen beide das gereinigte Material in dieselbe Bütte zurück, schütten frisches, kaltes Wasser auf und setzen eine Portion Salpetersäure zu. Auf 500 Ko. rohes Leimgut ungefähr 25 Ko. Säure. Es folgt ein saures Bad, mit welchem man den Zweck verbindet, dass die Kalktheilchen, welche noch dem Leder anhaften mögen, neutralisirt werden, und dass das Leimgut, welches schon im ersten Bad porös und geschmeidig wurde, nun auch aufschwillt und eine schwammige Form annimmt. Das Leder, welches im trocknen Zustand kaum die Stärke eines Pappdeckels hatte, wird hier fingerdick. Der Siedemeister erkennt bald an diesen Dimensionen, ob die Masse genügend eingeweicht ist. Bevor er aber dieselbe in seinen Kochkessel überfüllt, lässt er sie nochmals ganz wie das erstemal gründlich waschen.

Wegen des häufigen Einfüllens und Ausleerens empfehle ich der Bütte eine geringere Tiefe zu geben, ihre Dimensionen in die Weite auszudehnen und sie lieber etwas weiter wie enger machen zu lassen. Die richtige, praktische Büttenform trägt wesentlich zur Beschleunigung der Arbeit bei.

Das vorbereitete Leimgut geht in die Küche ab, und in die geleerte Bütte wird wieder rohes Material eingetragen. Während der Zeit, dass jenes dort ausgekocht wird, macht dieses hier die Bademanipulationen durch. Und so gehts ununterbrochen weiter.

Die Einrichtungen der Leimsiedereien haben im Laufe der Zeiten keine bemerkenswerthen, durchgreifenden Aenderungen erfahren. Die zugehörigen Apparate sind hin und wieder umgestaltet worden, aber doch nicht so viel, dass sie wesentlich auf die Manipulationen der Leimgewinnung eingewirkt hätten. Diese sind dieselben geblieben. Die Regeln des Verfahrens sind von der Natur der rohen Materialien so streng vorgeschrieben, dass die Construktion der Kessel hierbei weniger in's Gewicht fällt, als der Bau von Maschinen für irgend eine andere Industrie. Die Hauptarbeit bleibt der Geschicklichkeit des Siedemeisters vorbehalten. Daher darf ich wohl gleich im Voraus sagen, ohne die Kessel schon besprochen zu haben, dass die ursprünglichste Einrichtung die einfachste und zweckmässigste ist. Weil aber die Einrichtungen kreuzwenig auf den Kochprozess einzuwirken im Stande sind, weder im Guten noch im Schlechten, so ziehe ich es vor, erst dann zur Besprechung der verschiedenen Hülfsmittel überzugehn, wenn ich den Siedeprozess als solchen werde klar gelegt haben.

Hier nur einige skizzirende Hauptstriche. Unser Kessel, mag er eine Form haben, wie er will, muss so gross sein, dass er bis zu seinem Rand nicht mehr wie höchstens den $^3/_4$ Theil des vorbereitenden Lederquantums fasst, und dass das eingetragene Leimgut sich hoch über den Rand hinaus aufhäuft. Sodann muss sich 15—20 cm. oberhalb des Bodens ein zweiter wegnehmbarer Boden befinden, welcher, durchlöchert, der Flüssigkeit Cirkulation gewährt, das Leimgut aber oberhalb zurückhält. In den dadurch gebildeten untern Kesselraum mündet das Ablassrohr.

Der mit Leimgut beschickte Kessel wird mit reinem, klarem Wasser bis an seinen Rand gefüllt und angeheizt. In der Regulirung und Mässigung der Hitze beruht die grosse Kunst des Papierleim-Sieders. Von nun an theilen sich die Wege, worauf bisher Papierleim-Sieder und gewöhnlicher Leimsieder von Fach zusammengingen. Während der letztere seinen Leim durch ein einmaliges energisches Abkochen, wobei die Siedehitze innegehalten wird, gewinnt, darf unser Siedemeister einen Hitzegrad von 30—60° R. nicht überschreiten. Denn ihm muss es vor allen Dingen darauf ankommen, reine, klare Gallerte darzustellen. Wenn der Leim zu den feinsten Postpapieren gebraucht werden soll, versteht sich das ganz von selbst.

Je stärker die Hitze wird, desto mehr Unreinlichkeiten und desto mehr Faserstoffe werden in die Leimflüssigkeit aufgenommen. Dasselbe tritt ein, wenn Wasser oder Hitze überlang auf das Leimgut einwirken. Man bemüht sich folglich die höchste Leimqualität mittelst gelinder Wärme und abgekürzter Siedezeit zu erreichen.

Aber die niedrige Temperatur des Wassers vermag nicht das Leimgut während einer einmaligen Abkochung vollständig zu extrahiren. Es würden hierzu, wenn man's thun wollte, sehr lange Zeiträume nöthig sein, und damit würde man sich der

Erzielung einer höchsten Qualität wieder begeben. Man hilft sich in dieser Noth durch ein sehr einfaches Mittel. Die lange Zeit theilt man in kleinere Theile und nimmt eine ganze Reihe von Abkochungen mit ein und demselben Material vor. Leicht ersichtlich ist's, dass dabei die ersten Abkochungen gute und zwar die beste Gallerte ergeben, und dass die Qualität im Verhältniss abnimmt, als man sich der letzten Abkochung nährt.

Streng genommen wäre man darauf hingewiesen, jede einzelne Abkochung für sich abzulassen und apart zu bewahren. Da aber eine Partie Leimgut 8—9 Abkochungen zulässt, so würde eine so grosse Reihe einzelner Leimsorten auskommen, dass die Wirthschaft zu umständlich werden würde. Man sucht daher die Ergebnisse mehrerer aufeinanderfolgender Abkochungen qualitativ so zu sagen gleichwerthig zu machen.

Zu diesem Zweck häuft man das Leimgut über den Kesselrand hinauf. Nachdem die erste Abkochung beendet und abgelassen, sinkt das Leimgut in sich zusammen, ein Theil des gehäuften Leders tritt unter den Kesselrand und kann extrahirt werden. Dieser Theil des frischen Leders stellt die Qualität der zweiten Abkochung fast gleich derjenigen der ersten, besonders wenn mit geringerer Hitze operirt wird. Dasselbe gilt von der dritten Abkochung, wenn für sie noch frisches Leder blieb; es muss sich aber wiederum der Hitzegrad gegen den der zweiten Abkochung vermindern. Diese erste Qualität ist wasserhell.

Hat man nach 3 Abkochungen alles Leder unter den Wasserspiegel gezogen, so beginnen die Abkochungen für die zweite Leimqualität. Es werden jetzt schon Substanzen gelöst, die der Gallerte eine gelbe Färbung geben. Man vermag die zweite Qualität auch in drei Abkochungen zu gewinnen, wobei der Hitzgrad füglich auf 40—50° R. gebracht werden kann, doch in einer Weise, dass die 4. Kochung heisser als die 5., diese heisser als die 6. vorgenommen wird. Hierdurch bleibt die Güte ziemlich dieselbe, und lässt man alle drei Abkochungen in ein und dasselbe Gefäss ab, so erhält man einen Mittelleim, der für mittlere Schreibpapiere sehr wohl zu verwenden ist.

Der Rest des Leimguts kann nur für geringen Leim Ausbeute geben. Er muss sogar mit grösserer Hitze behandelt werden, wenn man halbwegs kräftige, brauchbare Gallerte haben will. Man kann bis zu 60° R. gehen. Es ist rathsam auch hier nicht mit einer einzigen Auskochung zu Ende kommen zu wollen, sondern noch 2—3 mal, je nachdem der Rest es erlaubt, zu extrahiren. Der gewonnene Leim hat eine braune Farbe, ist auch bedeutend schwächer als sein Vorgänger, weshalb er nur zu ordinären Papieren taugt.

Hier eine Tabelle zu den Abkochungen:

	Zeitdauer.	Temperatur.	Farbe.
1. Abkochung		40° R.	
2. -	bis 18 Stunden	35° -	wasserhell.
3. -		30° -	
4. -		50° -	
5. -	- 24 -	45° -	gelb.
6. -		40° -	
7. -			
8. -	- 48 -	60° -	braun.
9. -			

Nöthig ist's nicht, dass man die Abkochungen in der Weise zusammenmischt, wie ich zeigte. Fabrizirt Jemand sehr viele hohe Postpapiere, so ist ihm augenscheinlich rathsam, die 4. Abkochung den drei ersten beizumengen. Arbeitet man mehr Mittelsorten, so fügt man wohl die 3. Abkochung der 4. 5. u. 6. bei. Im erstern Fall trübt No. 4 die wasserhelle Qualität, während im letztern Fall No. 3 die gelbe Färbung klärt. Nach dem

Gutdünken und Bedarf der Papierfabrikanten sind sehr viele Variationen in der Sortirung möglich, und darin liegt ein nicht zu unterschätzender Vortheil des stufenweisen Auskochens.

Nach Beendigung einer jeden Abkochung wird die Flüssigkeit aus dem Kessel durch ein in den untern Kesselraum mündendes Rohr in Gefässe abgelassen, wo die Mischungen vorgenommen werden, wo die warme Leimsolution erkaltet und zu Gallerte gesteht. Es eignen sich hierzu grosse hölzerne Bütten. Soll die Gallerte längere Zeit liegen bleiben, so ist das besonders im Sommer gefährlich. Sie verdirbt und geht in Fäulniss über. Um solchem Missgeschick vorzubeugen, löst man in jeder Abkochung Alaun auf. Ich brauchte je nach der Jahreszeit 5—8 Kilo.

Meine obigen Zeitangaben, die Kochdauer betreffend, sind sehr relativer Natur und bemerke ich, dass sie auf Genauigkeit nicht Anspruch erheben. Sie sollen nur das Prinzip klar machen, wonach folgerichtig zu verfahren ist, und sollen ein Mittel geben. Es bleibt vielmehr ganz und gar dem Ermessen des Siedemeisters überlassen, den Zeitpunkt zu bestimmen, wann er die Abkochung für beendet hält. Dieses ist sehr schwierig. Der Anblick und das Aussehn der Flüssigkeit sagt ihm gar nichts, und ist er auf Proben angewiesen, die er von Zeit zu Zeit in ein Glas schöpft und zum schnellen Erstarren in schmelzendes Eis stellt. Durch das Glas kann er beurtheilen, ob der Leim rein ist oder nicht, und die Stärke der Gallerte erfährt er durch den Druck mit dem Finger. Bis wie weit die Conzentration der Leimlösung getrieben werden soll, liegt in dem Ermessen und den Angaben des Papiermeisters, der die Erfahrung haben muss. Der Papiermeister darf seinen Leim nicht schwächer darstellen lassen, als die gute Papierleimung erfordert, und thut gut, auch nicht einen stärkern Leim zu wünschen. Denn es ist stets unangenehm die Gallerte später verdünnen zu müssen. Die Arbeiter thun da zuweilen des Guten zu viel. Es liegt daher im Interesse des Papiermeisters, wenn er mehreremals am Tage in die Leimküche geht, sich die Proben vorlegen lässt und selbst die nöthigen Bestimmungen trifft. Denn die Sache ist zu wichtig, als dass sie dem Siedemeister selbständig überlassen werden könnte.

Die Ausbeute an Gallerte hängt sowohl von der Anzahl der Abkochungen wie von der Güte und Reinheit des rohen Leimguts ab. Ich erhielt aus 500 Ko. Leimgut, indem ich 8—9 Abkochungen machte, jedes Mal 900—1000 Liter Gallerte; im Ganzen also ca. 8000 Liter.

Mit den 3 Beispielen, die ich hier gebe, erschöpfe ich lange nicht die Variationen, die sich bei den Kesseln der Leimküchen vorfinden. Sie zeigen aber das Grundprinzip, wonach sich alle Kochapparate in zwei Klassen theilen. Entweder wird mit direktem Feuer geheizt, oder mit indirektem, d. h. die Brennmaterialien setzen sich im andern Fall in gespannte Wasserdämpfe um und wirken als solche.

Fig. 1 stellt eine Anlage mit direkter Feuerung dar. Der kupferne Kessel a liegt über dem Rost b und wird spiralförmig von den Feuergängen umzogen, welche, bevor sie in den Kamin münden, den Vorwärmer c bestreichen. Dieses Gefäss gibt sein erwärmtes Wasser in den tieferliegenden Kessel a ab, wenn hier eine Abkochung vollendet und in den Gallertbottig d abgelassen worden ist. — Ich selbst habe Jahre hindurch meinen Leim in solchem Kessel dargestellt und habe auch ganz guten Leim bekommen. Jedoch die direkte Feuerung besitzt für uns einen Mangel. Leimsieder von Fach versicherten mir häufig, dass sie direkte Feurung allen andern Heizmitteln vorzögen. Sie meinten, sie könnten den Siedeprozess, der ja bei ihnen

in der wahren Bedeutung des Worts ein Sieden ist, energischer
und erfolgreicher zu Ende führen. Ich habe auch schon unter
Papiermachern manches Wort gehört, welches zu Gunsten der

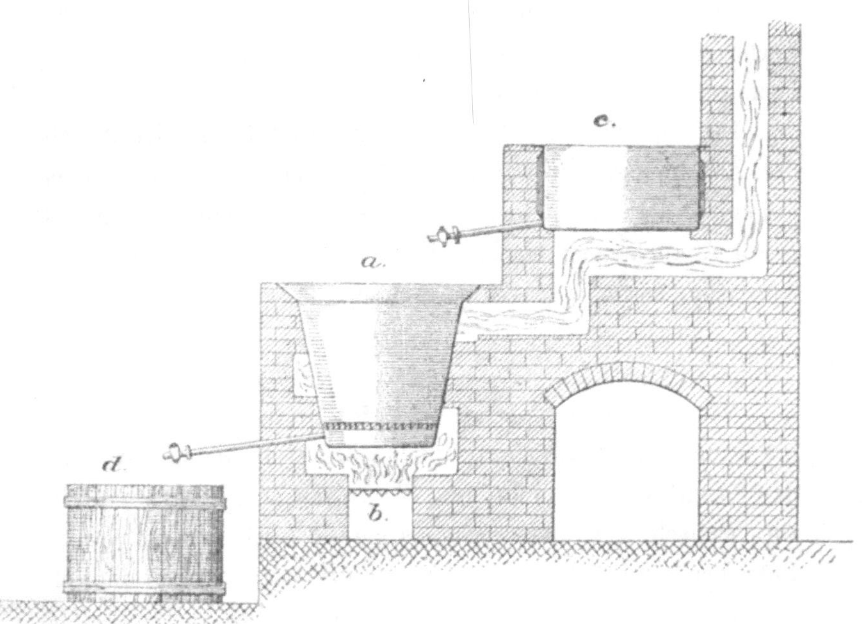

Fig. 1.

direkten Feuerung vorgebracht wurde. Die Erfahrung, die ich
gesammelt, liess mir jedoch die Dampfheizung für unsere spe-
ziellen Zwecke empfehlenswerther erscheinen. Unser Extrak-
tionsprozess ist an bestimmte Wärmegrade gebunden, und diese
können sehr schwer mittelst Holz- oder Kohlenfeuers festgehalten
werden. Man bedarf wenigstens zur Regulirung eines gelinden
Feuers eines sehr geschickten und zuverlässigen Mannes. Hat
man den nicht, so ist man verrathen und verkauft. Es kommen
dann unter drei Abkochungen wenigstens zwei vor, die miss-
rathen sind. Lediglich dieser Grund trieb mich zur Anlage von
Kochapparaten mit Dampfheizung.

Fig. 2 stellt einen Dampfkochapparat in der beliebtesten Form vor. Hier steckt der kupferne Kessel *a* in einer eisernen Umhüllung *b*, welche ungefähr bis zur Hälfte der Kesselhöhe

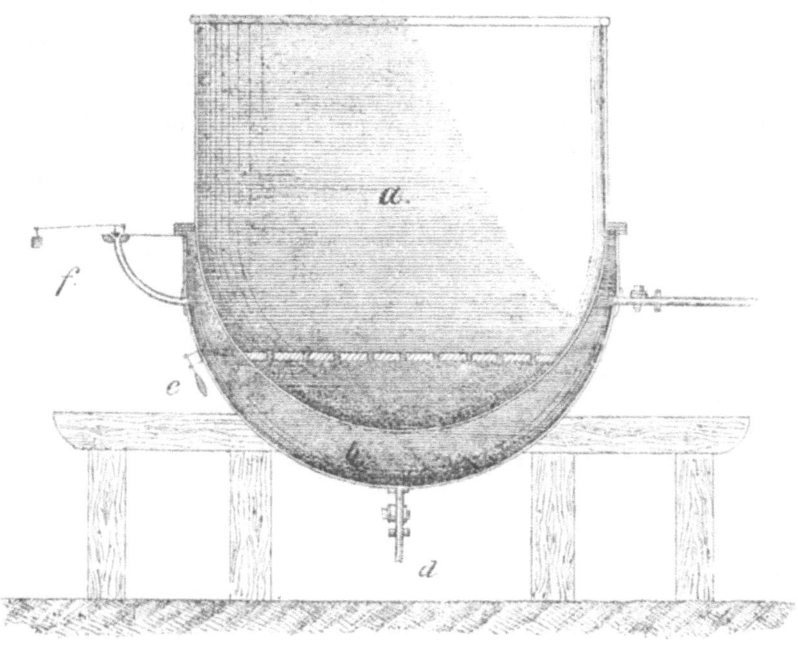

Fig. 2.

hinaufreicht und dampfdicht abschliesst. In den gebildeten Zwischenraum strömt durch Rohr *c* Dampf ein; das condensirte Wasser wird durch Krahn *d* abgelassen; *e* und *f* sind Sicherheitsventile. Die Vortheile, welche diese Form vor der erstern voraus hat, sind offenbar. Der Arbeiter öffnet so weit den Dampfhahn, als es der Hitzgrad erfordert, und vorausgesetzt, dass der Druck im Dampfkessel fortwährend so ziemlich derselbe bleibt, hat der Arbeiter keine weitern Sorgen, als den Zeitpunkt des beendigten Prozesses abzuwarten. Man kann sogar ein Manometer anbringen. Der Papiermeister stellt sich somit vom Leimsieder unabhängiger und kann mit grösserer Gewissheit ein günstiges Resultat erwarten. Ich empfehle diesen Apparat sowohl wegen seiner schönen praktischen Form, wie wegen der Möglichkeit ihn überallhin aufzustellen.

Fig. 3 liefert im Prinzip nichts Neues. Hier ist auch Dampfheizung. Ich füge die Skizze bei, weil der Apparat für mich ein Interesse bekam, als ich mir, nach Verwerfung der kupfernen

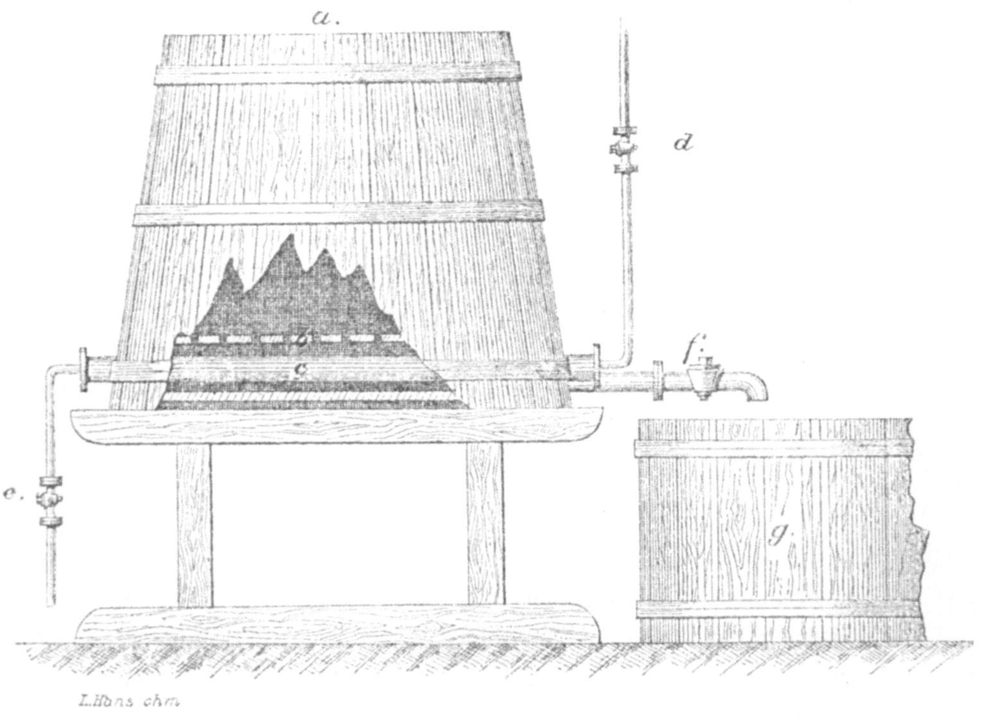

FIG. 3.

Kessel mit direkter Feurung, zwei Stück nach diesem Muster probeweise anfertigte. Da ich aber darin so wunderbar schönen Leim herstellen konnte, so habe ich sehr bald und sehr gerne

diese probeweise Anlage als definitive gelten lassen. — Wir
haben eine grosse, hölzerne Bütten a, die sich nach oben ver-
jüngt. In dem Raum unter dem durchlöcherten Boden b liegen
horizontal, etwa 10 Cm. von einander entfernt, zwei kupferne
Röhren c, die mit den Kopfenden aus der Bütte herausschauen.
Hier mündet das Dampfrohr d, und dasjenige e für abgehendes
condensirtes Wasser. Je breiter man die Bütte nach unten
macht, eine um so grössere Heizfläche erhält man. Weiter ist
f der Ablasskrahnen für fertige Leimflüssigkeit und g die Ge-
stehbütte der Gallerte. — Diese Kochmaschine leistet dasselbe
wie die in Fig. 2 abgebildete und hat nebenbei vor dieser
voraus, dass sie ungleich billiger ist und auf jeder Papierfabrik
gemacht werden kann. Ich selbst habe jahrelang damit gearbeitet und wünsche mir keine andere.

Handleimung.

Die dargestellte Gallerte eignet sich ebensowohl zur **Hand- wie Maschinenleimmethode.** Hat man recht schöne, reine Gallerte erhalten, so kann man wohlgemuth an die Arbeit des Leimens gehn, sei dieselbe Hand- oder Maschinenarbeit. In beiden Fällen jedoch ist die Gallerte, obgleich Grundlage, so doch bei weitem nicht alleiniges Bedingniss für gute widerstandsfähige Papierleimung. Durch verschiedene Behandlung mit ein und derselben Gallerte können Papiere von ein und derselben Art sehr schlecht und sehr gut geleimt werden. Der Papierstoff kommt hierbei nicht im geringsten in Betracht.

Um die vorzüglichste mechanische Behandlungsart festzustellen, müssen wir uns nothwendiger Weise mit den charakteristischen Merkmalen der thierischen Leimung vertraut machen. Die thierische Handleimung ist anerkannter Massen das non plus ultra aller Papierleimmethoden, und dass sie von keinem andern Verfahren in ihren Resultaten erreicht ward, obgleich man sehr sinnreiche Maschinen ausdachte, beweisen die handgeleimten Whatman'schen Zeichenpapiere, die bis zum heutigen Tage unerreicht in Leimung geblieben sind und einen Weltruf besitzen. Sie vermag uns hier zu dienen, um uns ein fundamentales, sicheres Urtheil über die grössere oder geringere Zweckmässigkeit der Maschinenanlagen und Maschinenoperationen zu verschaffen; die Analogie lehrt, wo man bei letzteren das Richtige traf oder hinter den Anforderungen zurückblieb.

Machen wir daher einen kurzen Abstecher zum alten, ehrwürdigen Handwerk.

Die Zunft der alten Papiermacher vertheilte die Arbeit des Leimens auf den Leimer, den Pressgesell und den Saalgesell. Der erstere besorgte das Tränken der Bogen, der zweite das Pressen und der Saalgesell hatte das Oberkommando in den Trockensälen.

Ehe der Leim zum Tränken des Papiers gebraucht ward, wurde die Gallerte im Leimbottig, einer Schüssel von rothem Kupfer, vorbereitet. Die Gallerte musste verflüssigt werden und dazu gehörte Wärme. Wie einfach man da zu Werke ging! Es wurde unter die Schüssel eine Glutpfanne gesetzt, und die ausströmende Hitze durch Heben oder Senken der Pfanne nutzbar und passend gemacht. Sodann wurde eine bestimmte Menge Alaun oder Zink-Vitriol im Leim gelöst: „damit dem Leim die klebrige Kraft entzogen würde, und später die geleimten Papierbogen nicht zusammenkleben könnten." Uebrigens erreichte man denselben Zweck, wenn man zuerst das Papier mit unvermischtem Leim tränkte und später durch ein Alaunbad zog. So oder so zu verfahren war gleichgültig, wenn nur der Alaun zur Wirkung kam.

Der Leimer musste ein sehr geschickter Mann sein. Er musste den Wärmegrad des Leims bestimmen und das Papier eintauchen. Einzelne Bogen würden die Arbeit unnütz in die Länge gezogen haben, daher nahm er gleich einen „Pauscht" von 6—12 Bogen, je nach der Papierdicke oder Grösse. Er ergriff den Pauscht mit beiden Händen und tauchte ihn so in die Flüssigkeit ein. Indem er zuerst die rechte Hand festhielt, löste er die Linke, spreizte an dieser Seite die Bogen auseinander und erleichterte dem Leim den Zutritt zu den einzelnen Bogen.

Sodann nahm er den Pauscht mit der festhaltenden Rechten aus der Schüssel heraus, hielt ihn schwebend und liess abtropfen, wodurch die getränkten Blätter sich nach unten nährten. Er griff wieder mit der Linken zu, tauchte zum zweiten Mal ein, löste die Rechte und spreizte nun mit ihr die Bogen grade so auseinander, wie früher mit der Linken. War nach seinem Dafürhalten das Papier gesättigt, so übergab er den Pauscht dem Pressgesell.

Dieser schichtete die Pauschte unter die Presse, einen auf den andern, von Zeit zu Zeit ein Stück Filz zwischenlegend. Wenn nun gepresst wurde, so presste man zugleich den Leim in die Pauschte hinein und drückte das Ueberflüssige heraus, welches durch Rinnen in die Leimschüssel zurückfloss.

Als Vorbereitung zum Trocknen wurden die einzelnen Bogen der gepressten Stösse von einander gelöst. Dass jetzt die Oberflächen nicht gar zu fest aufeinander klebten, bewirkte der Alaunzusatz.

Das Trocknen selbst geschah in grossen Kammern, die eigens dazu hergerichtet waren. Die Papierbogen wurden einzeln auf Schnüren oder Latten etagenförmig aufgehängt und einem starken Zug ausgesetzt. Das Trockenhaus war luftig gebaut und musste allen vier Winden zugänglich sein. Die Natur besorgte das Austrocknen. Sie war jedoch nicht stets dazu aufgelegt und daher konnte man nur zu bestimmten Zeiten, bei günstigen Temperatur- und Witterungsverhältnissen trocknen und — leimen. Regenwetter taugte ebenso wenig wie Frost.

Betrachten wir uns die Arbeiten der Gesellen ein wenig genauer. Es war die Aufgabe des Leimers, dass sein eingetauchter Pauscht nach allen Richtungen gründlich von der Leimflüssigkeit durchzogen werde. Es standen ihm zur Erleichterung der Durchführung drei Mittel zu Gebote. Entweder konnte er die Temperatur des Leimes erhöhen. Er machte damit den Leim dünnflüssiger und geschickter zwischen die Pauschtbogen und in die Papierporen zu dringen. Oder er konnte die Poren erweitern. Waren zuvor die ungeleimten Bogen erwärmt worden, so hatten sich damit deren Poren ausgedehnt. Nicht auf einer jeden Papiermühle war dieses Mittel anwendbar, und zwar da nicht, wo keine Hitztrockenkammern waren. In diesem Fall diente das dritte Mittel als Aushülfe. Der Leimer konnte seine Pauschte längere Zeit im Leim verweilen lassen. War der Leim sehr heiss, dann nahm nach und nach das Papier den Wärmegrad des Leimes an, und der Leim eröffnete sich selbst seine Wege.

Ein noch so geschickter Leimer konnte es nicht so weit bringen und behaupten, seine getränkten Bogen hätten an dem einen Ende grade so viel Leim wie an dem andern eingesogen. Diese mangelhafte Ausgleichung musste der Pressgesell berichtigen. Das Pressen erforderte viele Aufmerksamkeit. Man liess die Presse zuerst gelinde und stufenweise mit grösserm Nachdruck wirken. Denn hätte man mit aller Kraft angefangen, so hätte man an denjenigen Stellen, wo übermässig viel Leim vorhanden war, die überflüssige Menge herausgepresst, ohne sie an die andere wenig gut geleimte Stelle gelangen zu lassen. Die gleichmässige Leimvertheilung war aber der Zweck des Pressens. Man beurtheilte die Abstufungen der Zustände aus der Zeit, welche die Papiere nöthig hatten, um vom Leim durchdrungen zu werden. Je mehr Zeit nöthig war, desto gelinder fing man an zu pressen, und mit desto grösserm Druck hörte man auf. Die allmählige Kraftzunahme bewirkte wesentlich eine gleichmässige Vertheilung der Leimflüssigkeit, und diese ihrerseits war massgebend für eine gleichmässige Trocknung.

In der Art der Trocknung lag das Hauptgeheimniss aller

derjenigen Leute, die einen gut geleimten Bogen Papier herstellten. Das ging soweit, dass ein mit verhältnissmässig wenig Leim getränktes Papier, wenn der Leim gleichmässig vertheilt, und das Papier rationell getrocknet wurde, besser geleimt sein konnte, als ein solches, welches mit dem doppelten Quantum Leim versehn, in der spätern Behandlung verpfuscht ward.

Wir müssen zunächst den Grundsatz aufstellen und stets beherzigen, dass thierische Leimung Oberflächenleimung ist und war. Der Gedanke hieran wird uns über manche Schwierigkeiten hinwegbringen, hauptsächlich weil er uns logisch darauf hinweist, dass die am meisten charakteristische Thätigkeit von allen Manipulationen dem Trockenprozess zufällt. Durchs Tränken und Pressen leimte sich die ganze Papiermasse; das Trocknen hingegen trieb das Wasser, in welchem die Leimsubstanzen gelöst, aus und zog währenddess den Leim an die Papieroberfläche. Solches geschah augenscheinlich, wenn alle Flüssigkeit an der Papieroberfläche verdunstete. Verdampfte schon ein Theil im Papierinnern, so blieben auch die Leimtheilchen dort zurück, der Erfolg war nur ein theilweiser, und der Zweck verfehlt.

Das Verdunsten einer Flüssigkeit ist nichts anders als das Lösen der Flüssigkeit in der Luft, ist fast ganz dasselbe, wie das Lösen von Zucker oder Salz in Wasser. Wie die Flüssigkeiten, so können auch die gasförmigen Körper von den gelösten Substanzen gesättigt werden. Die Aufnahmefähigkeit ist aber in beiden Fällen von dem Wärmegrad abhängig. Kaltes Wasser ist von Salzlösung sehr bald gesättigt. Man mag noch soviel Salz einlegen, das Wasser hat keine lösende Kraft mehr. Erwärmt man nun, so steigert sich diese Kraft, und es wird noch ein bedeutendes Quantum Salz dazu gelöst. Dasselbe bei der Luft. Hier steigert sich ebenfalls das Vermögen der Aufnahme von Wasserdämpfen im Verhältniss, wie die Wärmegrade zunehmen. Kalte Luft kann im Verhältniss wenig Wasserdampf absorbiren, während erhitzte Luft sehr viel verschluckt.

Die Natur illustrirt herrlich diese Wahrheit. In den Tropen hat sich die heisse Luft mit Wasserdämpfen geschwängert; sie steigt nach oben und treibt den gemässigten Zonen zu. Die eintretende Abkühlung nimmt der Luft die Eigenschaft, ihre ursprüngliche Wassermenge in Lösung zu erhalten. Wasser muss sich ausscheiden, und dieses fällt als Regen herab, falls es nicht eine für ihren Wärmegrad ungenügend gesättigte Luftschicht passirt und in ihr wieder gelöst wird.

Beim Verdunsten werden die obersten Wasserschichten in Dampfform von der nächstaufliegenden Luftschicht gelöst, von stark erwärmter Luft intensiver, von minder erwärmter in schwächerem Maasse. Besonders in letzterm Fall sättigt sich die Luftschicht sehr bald; die Verdunstung muss aufhören. Es müsste denn Wärme zutreten. Aber auch dann wird die Verdunstung ihre Grenzen haben, und sie kommt trotz dieses Mittels sehr bald nicht weiter. Soll die Verdunstung fortschreiten, so ist's nöthig, dass die gesättigte Luftschicht von trockner Luft abgelöst werde. Geschieht das, so wiederholt sich die Verdunstung bis zur Sättigung der zweiten Portion Luft. Ist die Luftveränderung in Permanenz erklärt worden, so ist die Verdunstung eine stetige. Eine permanente Luftveränderung ist aber in der Natur nichts anders als der Wind.

Wir bemerkten schon, dass sich unsere Alten zur Verdunstung ihrer Leimflüssigkeit der natürlichen Luftveränderung, des Windes bedienten. Nun fragt es sich aber, was thaten sie, wenn ihnen der Wind nur solche Luft zuführte, welche schon mit Wasserdünsten gesättigt war? Wie es z. B. bei Regenwetter sehr häufig der Fall zu sein pflegt? — Sie thaten einfach nichts, sondern warteten ruhig ab, bis sich das schlechte Wetter änderte. Dann erst leimten und trockneten sie wieder.

**So gemüthlich können wir heutzutage nicht verfah-
ren.** Wir können unsere industrielle Arbeit nicht von Wind und
Wetter abhängig machen. Da uns erstlich der Wind nicht
immer, wie wir es wünschen, zu Gebote steht, so suchen wir
uns vor allen Dingen einen künstlichen Wind herzurichten. Das
glückt uns durch Ventilation. Wir setzen durch passende Flügelräder die Atmosphäre in Bewegung, dann vermögen wir zu
trocknen, wenn's windstill ist. Aber bei Regenwetter, wenn
dieselbe Atmosphäre mit Dämpfen gesättigt ist? Auch hier
helfen wir uns, dass wir durch Erwärmung der Luft deren
Lösungsfähigkeit erhöhen. Mit ventilirter und erhitzter Luft
können wir stets die Arbeit des Trocknens mit Erfolg betreiben,
seien die Witterungsverhältnisse noch so ungünstig.

Zudem haben wir ein Mittel zur Erzielung einer ener-
gischen Verdunstung in gesteigerter Luftbewegung. Die
Wäscherinnen wissen sehr gut, dass ein starker Wind ihre
Wäsche schneller und intensiver austrocknet, als unter gleichen
Umständen ein weniger heftiger Luftzug. Im Wind selbst muss
also eine Kraft verborgen liegen, die zur Verdunstung beiträgt.
Was vom Wind gilt, das gilt auch von der Ventilation. Ver-
doppeln, verdreifachen wir den Gang der Ventilation, oder die
Geschwindigkeit der Luft, so stellen wir uns damit ein sehr
wirksames Hilfsmittel her.

Sehen wir zu, warum? Untersuchen wir den Zustand eines
angefeuchteten Papiers. Die Flüssigkeit füllt die Poren aus,
welche, sich aneinanderreihend, das ganze Papier im Innern
durchziehen und bis an die Oberfläche reichen. Diese Reihen
der Poren können wir uns sehr wohl, obgleich's nicht ganz
genau zutrifft, als unendlich viele nebeneinandergeschichtete
Röhrchen vorstellen. Ueber die Mündungen dieser Röhrchen
streicht ein starker Luftstrom. Was geschieht? Die äussersten
Flüssigkeitsschichten im Röhrchen verdunsten. An Stelle dieser

Schichten tritt Luft, aber — in geringerer als atmosphärischer Spannung. Es ereignet sich derselbe Vorgang, wie bei den sogenannten Inhalationsapparaten. Ich setze bei meinen Lesern deren Kenntniss voraus. Auch hier geht ein starker Luftstrom über die Spitze eines Rohrs hinweg, welches mit seinem andern Ende in ein Gefäss mit irgend einer Flüssigkeit eintaucht. Der Strom reisst einen Theil der Luft aus diesem Rohr mit sich fort und bewirkt dort eine Luftverdünnung. In Folge dessen erhält die äussere Atmosphäre das Uebergewicht und treibt die Flüssigkeit ins Rohr, nach oben, so weit, dass diese letztere austritt, und austretend in unendlich viele und feine Theilchen zerstiebt und mit dem Luftstrom fortgeführt wird.

Ganz analog wirkt die Ventilation an der Oberfläche des feuchten Papiers. Die Arbeit ist zwar hier viel feiner, als im Inhalationsapparat. Jedenfalls tritt in dem oben geleerten Papierröhrchen eine Luftverdünnung ein, und dieser Zustand bewirkt, dass die untere Füllung der Papierröhrchen nach oben gezogen wird. War die Füllung eine Leimlösung, so verstehen wir jetzt sehr gut, wie und auf welchen Wegen der Leim an die Papieroberfläche gelangte. Bemerken wir noch dazu, dass Wasser unter niedrigem Druck weniger Wärme gebraucht, um sich in Dampf zu verwandeln, als unter hohem Druck, so bieten sich uns bei der Luftstrom-Erzeugung resp. gesteigerten Ventilation so viele Vortheile der Lufterhitzung gegenüber, dass man füglich mit besserer Einsicht letztere nur sekundirend für erstere gelten lassen kann.

Obgleich unseren Alten die physikalische Bedeutung des Windes nicht so ganz klar sein konnte, so fühlten sie doch als Praktiker hinlänglich die grossen Vortheile. Sie haben sich bei ihrer Leimtrocknung nur dem Wind anvertraut und haben die künstliche Erwärmung ganz und gar verschmäht.

Wir, denen heutzutage ein ausgebildetes Maschinenwesen zu Gebote steht, sollen die Luftströmung so stark treiben, dass man bei trockner Witterung ein günstiges Resultat der Trocknung ohne Wärmezuthat erreichen kann, und dass man nur erst dann zum Mittel der Lufterwärmung zu greifen braucht, wenn die atmosphärische Luft schon mit Wasserdämpfen gesättigt ist. In solchem Fall, wo unsere Vorfahren feierten, ist's unumgänglich nothwendig, dass das Vermögen der schon gesättigten Luft zu weiterer Dampfaufnahme mittelst Erwärmung gesteigert werde.

Die Leimmaschine.

Die Lösung der Aufgabe, welche behufs Anlage einer Leimmaschine an uns herantritt, kann nach unseren Betrachtungen nicht mehr schwer fallen. Bei der Wahl der Maschinentheile, deren Construktion, Lage und Aufstellung verfahren wir nach dem Muster der Handleimmethode. Der Vortheil der Sache verlangt, dass die endlose Papierbahn fortlaufend hinter dem Trockenapparat der Papiermaschine geleimt werde, ohne dass eine Trennung des Papiers zwischen Papier- und Leimmaschine statthabe.

Da kommt zuerst der Leim- oder Tränktrog. Er muss so in die Linie der Papiermaschine hingestellt werden, dass er den Breitendimensionen der Maschine entspricht, dass (mit andern Worten) die gearbeitete Papierbahn in ihrer ganzen Breite mit Leim getränkt werden kann. Das Papier muss in die Leimflüssigkeit eintauchen, eine Zeitlang unter der Oberfläche fortlaufen und darf erst dann austreten, nachdem die Sättigung als genügend erkannt ist. Zur Leitung des Papiers verwendet man 2 hölzerne oder kupferne Papierleitwalzen, welche so tief gelegt sind, dass sie wenigstens mit ihrer untern Hälfte in den Leim reichen. Durch ihre gegenseitige grössere oder geringere Entfernung wird die Zeit bestimmt, während welcher die Tränkung geschieht. Da dickeres Papier mehr an Zeit beansprucht als dünneres, um sich mit Flüssigkeit zu füllen, so müssten eigentlich die Leimtrogwalzen gegeneinander verstellbar sein. Berücksichtigt man aber, dass dicke Papiere stets mit einem langsamen Gang gearbeitet werden, dünne Papiere im Verhältniss schneller, so kann sehr wohl, ohne dass man einen grossen Fehler macht, die gegenseitige Walzenentfernung konstant sein, weil die Zeit, während welcher verschieden starke Papiere im Leime zu verweilen haben, durch Maschinengeschwindigkeit regulirt oder angepasst wird. Das vereinfacht schon die Konstruktion.

Nach einer andern Richtung müssen wir etwas mehr thun. Wir können nämlich den Leimtrog nicht als Präparirgefäss für die Gallerte verwenden. Denn, wie voraussichtlich, muss der Leim im Tränktrog eine sich stets gleichbleibende Höhe haben. Auch verhindert die ganze Breite der Papierbahn ein Wirthschaften am Trog. Es muss daher ein Präparirbottig neben dem Tränktrog aufgestellt werden, aus welchem eine Rohrverbindung den Zufluss des Leimes in den Tränktrog permanent vermittelt. Der Präparirbottig mag eine Dampfheizung haben, um die Gallerte verflüssigen zu können, und den Leim auf dem gehörigen Wärmegrad zu erhalten. Es könnte nicht schaden, wenn auch der Tränktrog zu letzterm Zweck mit einem Dampfrohr versehen würde.

Nach dem Trocknen das Pressen. Anstatt der Handpressen der Alten legen wir eine Walzenpresse an. Es müssen wol kupferne Pressen sein, wenn das Metall direkt mit dem Papier in Berührung kommt, können aber von Holz oder Gusseisen gewählt werden, falls sie mit Filzstrümpfen überzogen werden sollen. Wollen wir das allmählige, stufenweise Zunehmen des Pressens berücksichtigen, worauf, wie wir sahen, so grosser Werth gelegt wurde, so können wir nicht anders verfahren, als dass wir den Walzen einen sehr grossen Durchmesser geben. Walzen von kleinen Dimensionen würden zu schneidig pressen.

Die Amerikaner sind nach Hofmanns Angaben mit dem

Bau ihrer Leimmaschinen bis hierher gekommen. Hier hielten sie es für gut die Papierbahn in Bogen zu schneiden und die feuchten Bogen nach alter Manier zu trocknen. Sie haben ihre triftigen Gründe dazu, und wir werden später sehen, — welche.

Dagegen ist unsere Absicht, das getränkte Papier fortlaufend zu trocknen und erst das getrocknete Papier von der Maschine abzunehmen. Für einen Trockenapparat finden wir sehr wenige Anhaltspunkte bei den Einrichtungen unserer Vorfahren. Oder sollen wir das für Uebereinstimmung halten, wenn wir die Schnüre und Latten zur Haspel vereinen und das Papier auf „rotirenden Latten" endlos aufhängen resp. fortleiten? Das können wir schon.

Auf keinen Fall können wir die atmosphärische Luft ohne sekundirende Momente wirken lassen. Wir müssen uns vom Wetter unabhängig machen und uns entweder eine sich stets gleichbleibend trockene Luft schaffen, oder einen künstlichen Wind erzeugen. Wir haben die Auswahl. Beides vereint würde die Aufgabe vollkommen lösen.

Man hat viel versucht. Die ersten Versuche gingen darauf hinaus, eine heisse, trockne Luft in die Haspel einströmen zu lassen. Man erhitzte die Luft in einem eigenthümlich construirten Röhrenofen und warf sie glühendheiss mittelst eines grossen Ventilators in die Haspel hinein. Die Luft war zwar befähigt, eine grosse Menge Feuchtigkeit zu absorbiren, doch lagerte sich, da zu wenig Bewegung, die heissfeuchte Luft auf das Papier und hinderte nun gar die Trocknung, anstatt sie zu fördern. Zu dem war das Lokal so heiss, dass der Aufenthalt für die Arbeiter fast unerträglich wurde.

Bald verwarf man dieses System und stellte sich einen künstlichen Wind dar. In jeden Haspel legte man ein Flügelrad, welches in schnelle Rotation versetzt, die Luft in steter Bewegung hielt und auf die Oberfläche des Papiers stets frisch aufwarf. Damit war man schon auf dem richtigen Weg; es bedurfte nur noch eines einzigen Schritts, um sich von dem Einfluss des Wetters unabhängig zu machen. Was man zu thun hatte, lag auf der Hand: Man legte unter der ganzen Reihe der Haspel entlang ein System von Dampfröhren und liess die zur Arbeit bestimmte Luft von unten an den Röhren vorbei zu den Flügelrädern gelangen. Sie erwärmte sich gemäss des Hitzgrades der Röhren, und diese erwärmte Luft, mittelst der Flügelräder ventilirt, liess auch während des trostlosesten Regenwetters und des stärksten Frostes nichts mehr zu wünschen übrig.

Man kann die Haspel und damit die grosse Anlage ganz umgehen, wenn man nach Muster des Trockenapparates der Papiermaschine Hohlcylinder construirt. Das ist auch schon ausgeführt worden. Man spart Raum und zudem Geld. Es ist mir ein Cylinder-Leimtrockenapparat vorgekommen, der 9 (à $2\frac{1}{2}$ Meter Durchmesser) Cylinder hatte, und 50—60' in der Minute arbeitete. Da aber die Trocknung eine zu sehr forcirte war, so waren auch die Resultate sehr zweifelhafte. Der Apparat wurde daher nur zu den niedrigsten Schreibpapieren gebraucht, und zwar wurden diese erst dann thierisch geleimt, nachdem ihnen schon eine gehörige Portion Harzleim beigetheilt war.

Meiner Ansicht nach sind die Cylinder bei der thierischen Leimtrocknung ganz und gar zu verwerfen. Denn die Leimsolution hatte des Papier auf der Leimmaschine vollständig durchdrungen, und bei einer so grossen Hitze, wie der hochgespannte Dampf entwickelt, verflüchtigt sich das Wasser schon im Innern des Papiers, bevor die Leimtheile an die Oberfläche hätten gerührt werden können. Die Cylinderhitze drückt den Wasserdampf aus den Poren,. während der ventilirte Luftstrom ziehend wirkt.

Die Leimmaschine, von welcher ich hier die Beschreibung gebe, ist im Betrieb. Ich selbst habe viele Jahre hindurch mein Papier mit ihrer Hülfe geleimt. Ursprünglich stand sie von der Papiermaschine getrennt, neben derselben. Es wurden auf der Papiermaschine enorm dicke Rollen gewickelt, bis zu $1\frac{1}{2}$ Meter Durchmesser, das Papier abgerissen und in Stücken, wenn auch in riesig langen Bahnen, geleimt. Die jedesmaligen Endstücke verursachten dabei einen bedeutenden Abfall. Dieser nachtheilige Umstand veranlasste mich, den Rathschlag zu geben, die Leimmaschine direkt hinter der Papiermaschine und an diese anschliessend aufzustellen, damit das Papier fortlaufend geleimt werden könne. Die Ausführung liess nicht auf sich warten. Das Papier hatte zwar ohne Ende einen weiten Weg zurückzulegen: Nasspartie, Pressen, Trockencylinder, Leimtränkmaschine, Leimpresse, Leimtrockenapparat, Glättpresse auf die Wickelrolle, dagegen fiel der früher gehabte und unvermeidliche Abfall ganz weg.

Ich hatte vorher der Leimmaschine meine volle Theilnahme gewidmet und brachte daher während des Umstellens eine Menge Verbesserungen an. Besonders günstig zeigten sich die Verbesserungen bei der Leimtränkmaschine, und ich kann behaupten, dass ich die Leistung des Apparats der Vollkommenheit sehr nahe führte. — Ich habe die Leimmaschine in der Form, wie sie umgestellt wurde, skizzirt. Die dem Buche angeheftete Tafel zeigt Grund- und Aufriss. Es ist zu hoffen, dass durch diese Beigabe das Verständniss der Maschine meinem Leser näher gelegt werde.

Die am meisten charakteristischen Einzelheiten der ganzen, grossen Maschine treten auf den ersten Blick schon scharf hervor:

B — die Leimtränkmaschine

C — der Leimtrockenapparat

D — der Reservecylinder und Glättapparat

A — das Getriebe nebst Kuppelung mit der Papiermaschine.

Gehen wir in dieser Reihenfolge mit unserer Beschreibung vor.

Zur Leimtränkmaschine gehören: Leimpräparirbottige, Tränktrog, Presse und die Papierleitwalzen.

Die Präparirbottige werden zur Seite der Maschinen aufgestellt. Sie sind mit der Bezeichnung b im Grundriss unserer Skizze vermerkt; im Aufriss sind sie weggelassen. Es muss daher bemerkt werden, dass man sie so hoch stellt, um ihren Inhalt bis auf den letzten Tropfen in den Tränktrog entleeren zu können. Am zweckmässigsten ist's, man legt zwei Präparirbottige an; in dem einen wird die Leimlösung hergerichtet, während man aus dem andern arbeitet. Hölzerne Bütten sind nach meiner Erfahrung die am meisten geeigneten. Denn Holz ist immerhin ein schlechter Wärmeleiter, und es kann somit dem einmal flüssigen Leim auf lange Zeit dieselbe Temperatur erhalten bleiben. Ueber die Grösse lassen sich keine Vorschriften machen. Das steht nach Jedermanns Belieben und richtet sich lediglich nach der Massenarbeit der Maschinen. Ich hatte für meine tägliche Ausarbeitung (von ca. 4—5000 Ko. Papier) 2 Bütten von je 350 Liter Inhalt im Gebrauch.

Die Gallerte wird eingefüllt. Um dieselbe zu verflüssigen, muss ein Dampfrohr durch den Bottig geführt werden. Es genügt schon ein gewöhnliches Kupferrohr von 100 Mm. Durchmesser. Eine Konstruktion wie in Fig. 3 entwickelt, und ich dort für einen Leimkochapparat empfahl, kann hier ebenfalls gute Dienste thun; es ist nur nöthig, den durchlöcherten Boden wegzulassen und die Dimensionen zu verringern.

Ich kann nicht genug darauf aufmerksam machen, dass man die in der Leimküche gewonnene Flüssigkeit zu Gallerte erstarren lassen möge, bevor man zum Gebrauch übergeht.

Manche Fabrikanten lieben es, den warmen Leim zu verwenden, wie ihn die Kessel geben. Sie profitiren, dass sie die Gallerte nicht wieder aufzuwärmen haben, begeben sich aber des Vortheils, der darin liegt, dass sie wissen, ob ihre Solution überhaupt zur Papierleimung gehörige Kraft habe. Dieser Nachtheil wiegt den gewünschten Vortheil schwer auf. Denn man kann sich nur erst dann ein genügendes Urtheil über leimkräftige Lösung bilden, nachdem diese erstarrte. Aräometer helfen nicht viel, weil viele fremde Substanzen störend einwirken. Es kann gar zu leicht passiren, dass das Papier schwach geleimt auskommt, weil der Leim zu schwach war. Schaden thut's dagegen nicht, wenn man Gallerte erhält, die den gestellten Anforderungen zuvorkommt, d. h. die kräftiger ist. In diesem Fall mag man in den Präparirbottigen eine Verdünnung mit Wasser vornehmen.

Ist die Gallerte verflüssigt, so löst man ein Quantum Alaun darin auf. Ich sagte schon bei Gelegenheit der Handleimerei, dass der Alaun dem Leim seine klebrigen Eigenschaften theilweise entzieht. Auf unserer Maschine begründet sich diese Vorsicht während des Pressens. Wird stark gepresst, so kommt es sehr häufig vor, dass Fäserchen der Papieroberfläche an den Walzen kleben bleiben. An ein einzelnes Fäserchen setzen sich während einiger Umdrehungen andere Fäserchen an, und es bilden sich nach und nach Stoffklümpchen, welche bei jeder Rotation anwachsen und zugleich in dem durchgehenden Papier Eindrücke hervorbringen. Hin und wieder sieht man der ganzen Presse entlang unzählige Klümpchen, welche Ausschuss im Papier verursachen. In solchen Fällen kann nur der Alaun helfen. Der Leim war zu klebrig.

Es ist sehr schwierig, die genügende Menge Alauns sofort und nach strengen Regeln zu bestimmen. Hier muss die Praxis und Erfahrung zur Hand gehn. Die Presse ist scharf zu beobachten. Nach eingehendem Studium kommt man bald zu einem durchnittlichen Minimalverbrauch an Alaun, welchen der Leim unter allen Umständen verlangt. So fand ich, dass 6 Ko. Alaun für meine Präparirbottig langten. Zeigte sich, dass dieses Quantum nicht genügte, so setzte ich nachträglich $1/2$—1 Ko. direkt in den Tränktrog zu. Doch das geschah selten.

Für ordinäre Papiere reicht diese Leimpräparation aus. Höhere Papiere, an die man besonders die Ansprüche auf Glätte und hohen Glanz stellt, verlangen einen Seifenzusatz zum Leim. Harte Natronseife. Man schlägt zwei Fliegen mit einer Klappe. Denn man hat noch ausserdem den Vortheil, dass die Seife dem stets etwas gelblichen Leim eine milchweisse Farbe gibt, und dass mithin das Papier denjenigen Farbton, welchen es auf der Papiermaschine hatte, später nach der Leimung beibehält. Dieses ist für Postpapiere äusserst wichtig. Ich theilte einem Präparirbottig 5 Ko. Seife zu. Auf

350 Liter Gallerte

6 Ko. Alaun und

5 Ko. Natronseife

ungefähr wird sich eine gute Mischung herrichten lassen.

Nachdem der Arbeiter die Gallerte gelöst und die Mischungen vollzogen, ist es seine Aufgabe, dem Leim die vorgeschriebene Temperatur zu geben und darauf zu achten, dass die Wärmegrade dieselben bleiben; d. h. für dieselbe Papiersorte. Für verschiedenartige Papiere ist der Wärmegrad sehr veränderbar. Ich erinnere daran, dass eine gute Leimung einestheils von der Temperatur des Leimes abhängig ist. Höher erwärmter Leim ist dünnflüssiger als kühler Leim und dringt energischer in die Papierporen. Man begreift, dass Postpapiere eines heissen Leims, ordinäre Schreibstoffe eines kältern Leims bedürfen. Die Temperatur liegt zwischen 30 und 60° R.

Ist ein Präparirbottig gefüllt und fertiggestellt, so lässt man seinen Inhalt in den Tränktrog auslaufen. Die Reinlichkeit verlangt, dass an die Mündung des Leim-Leitrohrs am Tränktrog ein Filtrirsack angebunden werde, den der Leim zu passiren hat.

Der hölzerne Leimtränktrog ist im Grund- und Aufriss mit „t" bezeichnet. Der Arbeiter muss bequem das Papier durchleiten können. Liegt die obere Kante des Troges ungefähr 1 Meter über den Fussboden des Lokals, so ist dieser ersten und Hauptforderung genügt. Die Länge des Troges bemisst sich aus dem Weg, welchen das Papier bei gegebener Geschwindigkeit beansprucht, und auf welchem es sich bis in sein Inneres hinein mit Leim vollsaugt. Die gegenseitige Entfernung der zwei Tuchwalzen m und n bestimmt und begrenzt diesen Weg. Meiner Erfahrung nach dürfte der Abstand für den äussersten Fall nie mehr wie $1\frac{1}{2}$ Meter betragen. In den allermeisten Fällen genügt 1 Meter. Es kommt darauf an, welche Papiersorte man zu leimen hat. Es gibt Sorten, die weniger als 1 Meter, und andere, die mehr als das verlangen. Für letztern Fall hat man sich vorzusehn. Denn auf derartig grosse Entfernungen würde sich das genässte Papier bei starker Spannung nicht tragen können und durchreissen. Man bringt Papiertragwalzen an.

Etwas länger müssen wir den Tränktrog bauen, wenn wir die Presse berücksichtigen wollen. Da die Presse das Ueberflüssige des Leims aus dem Papier herausquetscht, so muss dieser Leim in den Trog zurückfliesen können. Es liesse sich mit Rinnen machen. Doch weit bequemer und einfacher gestaltet sich die Anlage, wenn man den Leimtrog so lang construirt, dass er mit seinem hintern Ende unter der Presse herreicht. Wie ich das auf unserer Zeichnung that. Der Leimtränktrog verlängert sich damit um $\frac{1}{2}$ Meter zu seinem ursprünglichen Maass.

Die Breite des Troges ist Maschinenbreite.

Die Tiefe wähle man nur nicht zu gering. Es ist stets von grosser Annehmlichkeit, wenn man ein bedeutendes Quantum Leim im Trog unterzubringen vermag. Dadurch erhält sich im Leim eine ziemlich constante Temperatur. Auch muss man dafür sorgen, dass das durchgeführte Papier mindestens 20 Cm. vom Trogboden entfernt bleibt, dass ein Raum hergerichtet wird, wo sich die vorkommenden Unreinlichkeiten und Stücke von abgerissenem Papier absetzen und ansammeln. Falls das Papier mit diesem Unrath in Berührung kommt, findet ein Festkleben statt und zwischen der Presse entstehen Löcher und Flecke. Zum Schutz gegen derartige Vorkommnisse gehört eine zeitweilige Reinigung des Troges. Ein Ablassrohr muss dazu vorhanden sein. Dass dieses Rohr an einer der tiefstliegenden Stellen des Trogbodens münde, bedarf wohl kaum der Erwähnung. Häufiges Aufeinanderfolgen der Entleerungen des Troges hängt von der Menge des angesammelten Unraths ab. Die Reinigung sollte, hat der Trog nicht gar zu grosse Dimensionen, tagtäglich vorgenommen werden. Der abgezogene Leim wird bei solchen Gelegenheiten filtrirt und in die Präparirbottige zurückgebracht.

Will man bei Construktion des Leimtroges der Vollständigkeit Genüge thun, so legt man ein Dampfrohr zur Regulirung der Leimtemperatur quer durch den Trog. Jedoch halte ich das nicht für unumgänglich nöthig. In den Präparirbottigen müssen wir nolens, volens Dampf wirken lassen, und dort können wir auch genügend reguliren.

Wie der des Leims, so ist der Wärmezustand des Papiers von der grössten Wichtigkeit für die Güte der Leimung. Es wurde schon hervorgehoben, dass heisses Papier einen grössern Theil von Leimflüssigkeit aufnehmen kann, als kälteres Papier. Wir erinnern uns, dass in der Ausdehnung der Papierporen der Grund dazu erkennbar ist. Wir machen uns die Vortheile dieser Erscheinung und Thatsache für die Maschinenarbeit nutzbar. Die Lösung der Aufgabe ist einfacher, wie sie auf den ersten Blick scheint. Auf der Zeichnung ist ein Hohlcylinder C vor den Leimtränktrog gelegt worden. Er hat den bekannten Bau der Trockencylinder der Papiermaschine. Nur mit dem Unterschied dass nach Belieben und Gefallen entweder heisser Dampf oder kaltes Wasser in den hohlen Raum eingelassen werden kann. Im erstern Fall würde das den Cylindermantel passirende Papier erwärmt, im letztern Fall abgekühlt werden. Findet man, dass das Papier trotz heissen Leimes nicht genügende Menge von Flüssigkeiten einzusaugen im Stande ist, nun gut, so lässt man in den Cylinder resp. Papier-Wärmeregulator Dampf einströmen. Dieser letztere wird bei sehr dicken Papieren und feinsten Postpapierstoffen stets angewendet werden müssen. Erwägt man, dass ein anderes Papier keiner so exakten Leimung bedarf und zu heiss von den Maschinencylindern abging, so kühlt man den Wärmeregulator mittelst kalten Wassers und setzt somit die Temperatur des Papiers entsprechend herab.

Variationen ergeben sich in Menge. Man kann operiren mit erhitztem Papier und gekühltem Leim oder umgekehrt. Für hohe und niedrige Papiersorten ist die Behandlungsart selbstverständlich. Für mittlere Papiere kann man dagegen das Zweckmässigste nicht sofort finden. Jedoch grosse Schwierigkeiten bieten sich nicht, und ein Praktikus kommt bald zurecht. Meiner Ansicht nach handelt man rationell, wenn die Papiere der Mittelsorten gekühlt werden, der Leim aber erhitzt wird. Wenn der Leim in engen Poren sitzt, wird er sich durch späteres kräftiges Pressen nicht so massenhaft ausquetschen lassen, als aus erweiterten Poren. Und darin erblicke ich einen Vortheil.

„p" ist die Presse. Aus schon hervorgehobenen Gründen wählt man den Durchmesser der Walzen so gross wie eben möglich, und man gehe ja nicht unter 30 Cm. Was die Art der Pressen anbelangt, ob man die Walzen mit Filzüberzügen versieht, oder ob man das blanke Metall mit dem Papier in innige Berührung bringt, davon hängt sowohl der Bau der Walzen ab, als ebenfalls das zu verwendende Material. Im erstern Fall können einfache Hartgusswalzen genommen werden. Doch die Filzstrümpfe haben ihre grossen Nachtheile. Sie sind nie so gleichmässig gewebt, dass sie eine erwünschte Vertheilung des Leimes im Papier hervorbringen könnten. Auch sind sie zu rauh und bewirken ein Loslösen der Fäserchen von der Oberfläche des Papiers. Sie taugen mit einem Wort nur für die niedrigsten Stoffsorten und für diese mögen sie zweckentsprechend sein, weil sie eine billigere Anlage ermöglichen.

Im andern Fall, wo das Papier direkt von den Metallflächen angefasst wird, sind kupferne Walzen nicht zu umgehn. Schon aus dem Grunde des Rostens. Diese können fein auf einander abgeschliffen werden und sind in solchem Zustand die sicherste Gewähr für eine homogene Vertheilung des Leimes. Ihrer Behandlung ist die grösste Sorgfalt zu widmen. Beulen oder sonstige Unregelmässigkeiten in den Walzen dürfen nicht vorkommen. Den Vertiefungen entsprechend würde z. B. an diesem Orte ein grösseres Quantum Leim im Papier bleiben, als da, wo die Walzen dicht schliessen. Nasse Stellen entstehn im Papier, können unmöglich austrocknen und erzeugen Flecke.

Nach einer andern Richtung macht sich das saubere Abschleifen sehr günstig bemerkbar. Die angefeuchteten Papiere nehmen in der Kupferpresse eine hochgradige Glätte an. Diese Glätte kann bei dünnen, mittlern Papieren so entwickelt werden, dass sie Jedermann genügt und eine spätere Satinage erspart. Dadurch rentiren sich nach gewisser Zeit die theuern Kupferpressen.

Es kommt vor, dass das Papier, wie auf den Nasspressen, so auch hier festklebt und um die eine der Walzen herumgewickelt wird. Man pflegt daher Schaber aufzulegen. Selbstverständlich Schaber aus sehr weichem Metall. Ich habe stets die Vorsicht gebraucht und ein Stück Filz zwischen Schaber und Walze der ganzen Länge hin gelegt. Diese Schaber sollen auch die anklebenden Papierfäserchen auffangen. Sie thun's aber nicht, weil die Fäserchen zu fein sind. Zudem ist der Schaber zu diesem Zweck überflüssig, weil wir im Alaun ein wirksameres Mittel haben, welches die Klebrigkeit des Leims mildert und die böse Ursache in ihrem Ursprung vernichtet.

Es müssten streng genommen zwei Schaber sein, einer oben, einer unten. Man kommt jedoch mit einem einzigen weg, wenn man das durch die Presse geführte Papier stets an ein und derselben Walze und mit dieser vereint noch eine kleine Strecke fortlaufen lässt. Man wählt dazu die obere Walze. Unsere Zeichnung zeigt den Fall deutlich. Reisst das Papier direkt hinter der Presse, so geht es um die obere Walze herum; d. h. der Schaber fängt es auf.

Schrauben- oder Hebelpressung, was ist vorzuziehen? Unbedingt letztere! Sie allein gewährt für so theuere Apparate, wie die Kupferpressen sind, die gehörige Sicherheit. Sollte einmal ein harter Gegenstand zwischen den Walzen hindurchgehn, so ermöglichen die Hebel immerhin ein Aufheben der obern Walze, und der Schaden kann nicht so gross sein. Schrauben würden nicht nachgeben, der harte Gegenstand würde sich vor den Walzen festsetzen und nun kreis- oder spiralförmige Einschnitte drehen.

Im Uebrigen sind die Wirkungen von Hebel- und Schraubenpressung dieselben.

Zum Schutz der Presse pflegt man der Vorsicht halber einen eigenen Apparat anzulegen. Die sogenannte Sandpresse, eine Glättpresse aus Hartgusswalzen, welche dicht hinter dem letzten Papiermaschinen-Cylinder liegt, hat nur den Zweck, vorkommende Knoten im Papier platt zu drücken und auf der Oberfläche liegenden Sand zu entfernen. Würden die Unebenheiten erst in der Leimpresse zerquetscht werden, so würde Veranlassung zu häufigem Reissen der nassen Papierbahn gegeben sein. Der Sand seinerseits würde die theuren Kupferpressen sehr bald ruinirt haben.

Man könnte das Papier direkt von der Tauchwalze „n" **zwischen die Presswalzen führen.** Doch so einfach das wäre, so unmöglich ist's auch. Es bilden sich Falten in der Papier bahn. Die Nothwendigkeit, dass diese Faltenbildung vermieden werde, führt zu den grössten Schwierigkeiten. Breite Formate lieben Falten zu werfen, und der Ort der häufigsten Entstehung ist die Mitte der Papierbahn. Wo Falten, da schneidet die Presse lange Risse in's Papier.

Ein Mittel, die Faltenbildung zu verhindern, ist die straffe Anspannung des Papiers vor der Presse. Aber wie weit vermag man hier zu gehn? Die Grenze ist sehr bald erreicht, weil nasses Papier keine starke Spannung erträgt und reisst. Der Anfang des Wünschenswerthen liegt weil hinter dem Ende des Erlaubten und Möglichen.

Das Erste, was man auf einem Wege zur Besserung that, war, dass man eine Papierleitwalze k vor die Presse legte.

Eine gewöhnliche Walze führte jedoch bei dünnen Papieren nicht zum Ziel. Man construirte Spiralwalzen, wo Drähte von der Mitte zu den Enden liefen. Umsonst. Darauf kam man nach vielen andern Versuchen, die ich hier nicht erwähnen mag, auf die Idee einer konischen Walze, welche in der Mitte dicker als an den beiden Enden ist. Das half. Nur zeigte sich noch die Schwierigkeit für verschieden dicke Papiere. Dicke Papiere nehmen mit einem sehr schwachen Konus vorlieb, dünne Papiere erfordern eine stark konische Walzenbildung. Je mehr die Papiere in der Dicke zunehmen, desto mehr muss sich die konische Form der cylindrischen nähern. Man hätte mithin 3, höchstens 2 konische Walzen anschaffen müssen. Ich bin auf eine eigene Weise an dieser Forderung vorbeigekommen. Meine Anlage schlug so sehr zu Gunsten der Sache aus, dass sie nichts mehr zu wünschen übrig liess. Anstatt den Konus zu ändern, änderte ich den Lauf des Papiers über die Walze. Empirisch bestimmte ich die Verhältnisse der konischen Walze für mitteldicke Papiere. Ich füge eine karrikirte Skizze dieser Walze in Fig. 4 bei. Die Maasse sind deutlich angegeben.

Fig. 4.

Den grössern Konus für dünnere Papiere ersetzte ich dadurch, dass ich das Papier unter spitzerem Winkel um die Walzen führte, dass also das Papier sehr weit um die Walze fasste, und die Eigenschaften derselben in erhöhtem Grade zur Wirkung gelangten. Dickere Papiere unter stumpferm Winkel; sie berührten kaum die Walze und konnten in ihrer Flächenausdehnung wenig Aenderung erfahren. Für diese Operationen diente mir die zweite Tauchwalze n (siehe Tafel). Ich machte sie in ihren beiderseitigen Lagern gegen die erste Tauchwalze m zu verstellbar. In der gezeichneten Position ist der Papierwinkel bei k ein spitzer, also für dünne Papiere. Es ist leicht begreiflich, dass der Winkel bei k desto stumpfer wird, je mehr die Walze n in der Richtung nach m verschoben wird. Die äusserste Grenze bestimmt sich in der Praxis leicht und bald.

Aber trotzdem und alledem entstanden Falten. Wenn auch selten. Ebenso plözlich wie sie sich zeigten, ebenso plötzlich verschwanden sie, ohne dass nur die Leimmaschine angerührt worden sei. Sie mussten daher eine Ursache haben, die ausserhalb der Leimmaschine zu suchen war. Ich suchte und fand den Grund in der ungleichmässigen Trocknung auf den Maschinencylindern. Es kommt vor, dass die eine Seite intensiver trocknet als die entgegengesetzte. Schon die Nasspressen wirken darauf ein. In solchen Augenblicken wird die Papierspannung vor der Leimpresse aus dem Gleichgewicht gebracht. Die scharf getrocknete Seite ist straffer gespannt, als die weniger gut getrocknete, und Faltenbildung ist unvermeidlich. Ich legte daher, um diese Unregelmässigkeiten unschädlich zu machen, eine Steuerwalze „s" vor die erste Tauchwalze m, lediglich zur Regulirung des Papiers bestimmt, und kam damit glänzend zum Ziel.

Verfolgen wir übersichtlich den Lauf des Papiers:

von C Papierwärme-Regulator nach

    s Steuerwalze,

    m und n Tauchwalzen

    k konische Leitwalze in die

    p Presse

Von der Presse geht das Papier über einen Leitfilz f weiter auf den Trockenapparat.

Der Trockenapparat in seinem Ganzen umfasst die Verbindung folgender Einzelheiten: Haspel, Flügelräder, Heizapparate und Ventilation des Maschinenlokals. Ich habe die Prinzipien, nach denen das Trocknen stattfindet, besprochen. Sie werden sich wie ein rother Faden durch unsere Anlage hindurchziehen und stets und bei jeglicher Construktion maassgebend sein.

Der Buchstabe „*C*" vertritt auf der anhängenden Tafel die Benennung für den Trockenapparat. Derselbe ist nicht in seinem ganzen Umfange, wie er in Wirklichkeit ausgeführt wurde und in Betrieb sich befindet, gezeichnet. Nur im Dreiviertel. Ich glaubte, dass ich hiermit dem Verständniss des Lesers genug thun würde. Man erkennt 3 grosse Abtheilungen 1, 2, 3; es müssten eigentlich deren 4 sein. Die 3 erläutern hinlänglich, was ich zu sagen habe, und der Leser wird mich entschuldigen, wenn ich die Skizze aus dem Grunde der Vereinfachung um ein gutes Stück verkürzte. Die Sache leidet darunter nicht.

Zur Fortleitung des Papiers dienen Haspel, die in drei übereinander liegenden Reihen geordnet sind. Ihre Form ist cylinderisch, ähnlich denjenigen Haspeln, welche zu Ende der Papiermaschine zum Aufwickeln des Papiers verwendet werden. Unzweifelhaft haben diese einstens zum Modell gedient. Fig. 5 gibt ein anschauliches Bild von der Bauart eines Leithaspels. Zwei Kopfstücke aus Gusseisen bilden an beiden Enden (die gegenseitige Entfernung durch Maschinenbreite bestimmt) die Unterlage für die verbindenden, hölzernen Latten, und zwei Zapfen, zentral an den Kopfstücken angebracht, lagern das ganze Gestell auf die Ständer. Der Grundriss Fig. 5a verdeutlicht ein derartiges Kopfstück. Vom Zapfen gehen Speichen aus, welche einen Ring r tragen. Auf den Ring werden die hervorragenden Latten aufgeschraubt, nachdem sie sauber abgehobelt waren. Ueber die Anzahl der Latten, vermag man keine feste Bestimmung zu treffen. Nur nicht zu

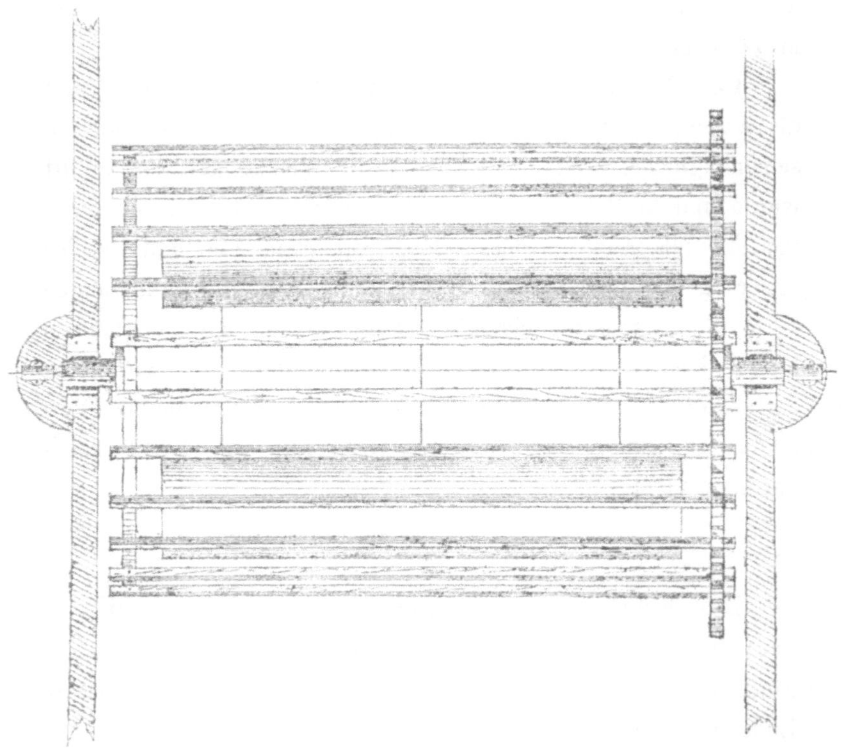

Fig. 5.

viele! Auch schwankt der Haspeldurchmesser zwischen grossen Grenzen. Sogar in unserer Zeichnung ist ein einheitliches Maass nicht zur Durchführung gekommen. Der Durchmesser der Haspel in den beiden untern Reihen beträgt 1,35 Meter, derjenige in der obern Reihe nur 1 Meter. Man hätte ohne grossen Schaden die oberen Haspel gleich den untern construiren können, oder

auch umgekehrt. Man hätte nur, im Verhältniss, wie die Maasse
einschrumpften, zu einer grössern Anzahl der Haspel seine Zu-
flucht nehmen müssen. Der Grund, warum man in unserm
Fall die obern Durchmesser kleiner wählte, beruht darin, dass
diese Haspel einmal keine Ventilationsvorrichtungen in ihrem
Innern haben und zweitens, weil ihre kleinere Gestalt ein leich-

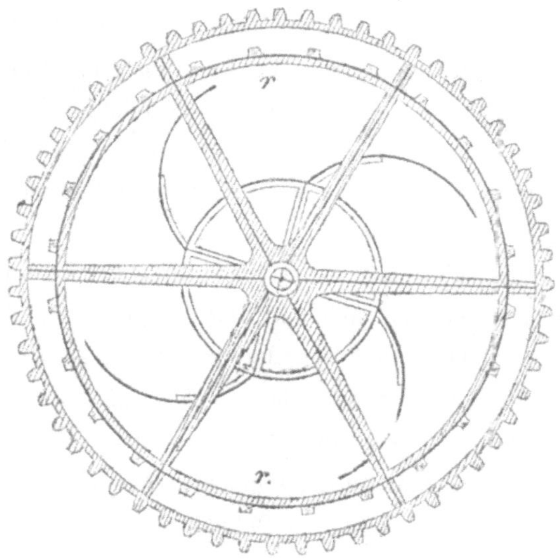

Fig. 5 a.

teres Gewicht ergibt, welches in so bedeutender Höhe für die
Stabilität des Ganzen wesentlich eintritt.

Verfolgen wir den Lauf des Papiers. Es geht vom Leitfilz f über eine Leitwalze an dem mittlern Haspel vorbei, diesen
berührend um den obern Haspel herum; nach unten den mittlern
Haspel wieder berührend (jetzt an der entgegengesetzten Seite)
zum untern Haspel; hier herum, wieder nach oben, am zweiten
mittlern Haspel vorbei, zum zweiten obern und so fort. Auf

den ersten Blick scheint es, als ob die Reihe der mittlern Haspel überflüssig sei. Man hätte ja einfach das Papier direkt vom obersten zum untersten Haspel leiten können und damit $\frac{1}{3}$ der Anlage gespart. Wenn's möglich gewesen wäre, würde man das gethan haben. Die Ventilirung, auf die ich später komme, macht die Anlage der mittlern Reihe unumgänglich nöthig. Auch wünscht ein jeder Fabrikant so wenig wie möglich Kass oder Ausschuss zu produziren. Von den obersten zu den untersten Haspeln würde das Papier in langen Bahnen frei laufen und würde bei der Anspannung, die immerhin eine ziemlich bedeutende sein muss, reissen, besonders häufig zu Anfang, wo das Papier noch nass ist. Die mittlere Haspelreihe dient, von der Ventilation abgesehen, wesentlich zum Tragen und zur Unterstützung des Papiers.

Man hätte aber noch eine vierte Haspelreihe anlegen, je zwei Reihen zusammen nehmen, das Papier über die beiden obern Reihen abwechselnd von der ersten auf die zweite Reihe hinleiten können und in derselben Weise auf dem untern Paar in entgegengesetzter Richtung zurück. Etwa wie in Fig. 6. In der That ist die Einrichtung sehr günstig, und habe ich schon solche Systeme mit Vortheil in Betrieb gesehen. Sie erfordern nur allzu hohe Lokalitäten. Zwar auf der andern Seite gewinnt man im Verhältniss an Länge, was man in der Höhe zusetzt.

Trotzdem halte ich die dreireihige Anordnung für die günstigste. Die Luft kann frei von unten nach oben und von oben nach unten zirkuliren, was bei der vierreihigen Aufstellung schon beschränkt erscheint, und last not least gestalten sich die Getriebe so sehr einfach, weil sie am Boden des Lokals gehalten werden können. Auf die Getriebe komme ich später zurück.

Nichts unterliegt weniger festen Regeln, als die Anzahl der Haspel. Erstlich ihre Grösse, und vor allen Dingen die Geschwindigkeit, womit die Maschine arbeiten soll, bedingen die

Zahl. Je schneller man laufen lässt, desto mehr Haspel müssen
in Anwendung kommen. Auf unserer Zeichnung sind 35 Stück
vermerkt, in 3 Abtheilungen zu 12, 12 und 11. Die im Betrieb
befindliche Maschine, die ich mir zum Muster wählte, hatte eine

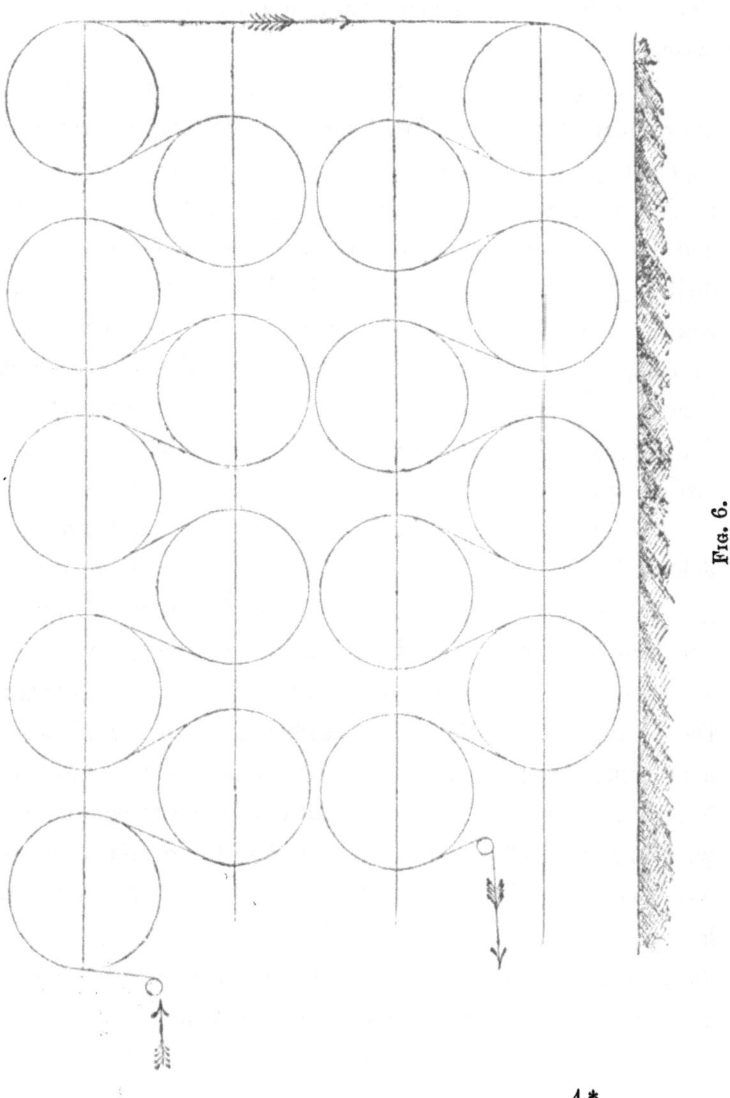

Fig. 6.

Abtheilung von 12 Haspeln mehr, also $12 + 12 + 12 + 11$ Stück. Mitteldicke Papiere von 7 Ko. pr. 1000 ☐ Cm. im Neuriess (siehe Anhang) wurden durchschnittlich mit 30 Meter Geschwindigkeit in der Minute gearbeitet. Gleiche Verhältnisse vorausgesetzt würde der skizzirte Trockenapparat von 35 Haspeln eine ungefähre Maschinengeschwindigkeit von 20 Metern zulassen.

Zweitens hängt die Anzahl der Haspel davon ab, ob die künstlichen Mittel zur Trocknung in gesteigertem Maasse angewendet werden sollen oder nicht, endlich davon, ob das Papier ursprünglich schon in der Masse mit Harz geleimt ward, und in welchem Quantum man den vegetabilischen Leim zutheilte. Ueber das Präpariren mit Harz habe ich ein eigenes Kapitel geschrieben. Die dortigen Angaben beziehen sich auf 47 Haspel. Es liegt auf der Hand, dass, falls die vorgeschriebenen Harzmengen um $\frac{1}{4}$ vermehrt werden, man sodann mit der Anlage des Trockenapparats um $\frac{1}{4}$ herabgehen kann, und also in diesem Fall 35 Haspel hinreichen würden.

Ueber den Einfluss derjenigen Mittel, welche bei der künstlichen Trocknung in Betracht gezogen werden, habe ich schon gar Vieles gesagt. Sieht man von den künstlichen Mitteln ab, und will man nur durch den Einfluss der Atmosphäre trocknen, so muss der Trockenapparat riesige Dimensionen annehmen. Der verschiedenwerthige Feuchtigkeitsgrad der Luft schliesst aber glücklicher Weise eine Trocknung ohne sekundirende Kräfte aus. Wir haben diese Kräfte in der Bewegung und Erwärmung der Luft erkannt. Es ist ohne Frage, dass, wenn wir das eine oder das andere Agens stärker in Wirkung treten lassen, wir auch die Anzahl der Haspel vermindern können, und dieses um so mehr, wenn wir Erhitzung und Ventilation, beides zu gleicher Zeit verdoppeln oder verdreifachen.

Die Ventilatoren, welche sich im Innern der Haspel drehen, sind sehr breite Flügelräder. In Fig. 5 und 5a ist ein Exemplar zugleich mit dem Haspel verzeichnet. Auf der Achse wurden in gleichem Abstand 3 Ringe aufgekeilt, deren zugehörige Speichen sich über den Ring hinaus fortsetzen, hier eine eigenthümlich gebogene Form annehmen und als Rippen zur Befestigung der Flügel dienen. Die Flügel werden aus dünnen Eisenblechen geschnitten, auf die Rippen aufgeschraubt und nehmen in Folge dessen in ihrer ganzen Länge die Kurvenform der Rippen an. Die Zahl der Speichen bestimmt die Zahl der Flügel. Gewöhnlich begnügt man sich mit 4.

Die Breite der Schaufeln (im Aufriss Fig. 5) richtet sich nach der beiderseitigen Entfernung der Haspelkopfstücke, und um nicht anzustossen, müssen die Flügelräder etwas schmaler construirt werden, als diese Entfernung beträgt. Die Flügel selbst müssen so nahe wie möglich an die innere Seite der Haspellatten herantreten, damit die erzeugte Luftbewegung in ihrer ganzen ursprünglichen Stärke das über die andre Seite der Latten hingeleitete Papier treffe. Die Länge der Flügel braucht dagegen nicht sehr bedeutend zu sein, weil es ja nur darauf ankommt, die Luft in der unmittelbaren Nähe des Papiers zu bewegen. Daher vermag man den 3 Ringen Durchmesser zu geben, die dem halben Haspeldurchmesser gleich kommen. Zwischen Ringen und Latten bleibt hinlänglich Raum für Anbringung leistungsfähiger Flügel.

Die Art und Weise, wie der Flügel angelegt und gebogen wird, ist von der grössten Bedeutung. Folgende Ziele müssen im Auge gehalten werden: bestmögliche Leistung bei geringem Kraftverbrauch. Erstere erzielt man, wenn man die stärkste Luftströmung in unmittelbarer Nähe der Papieroberfläche hervorbringt. Dazu gehört es sich, dass die Luft unter schiefem Winkel auf das Papier geworfen werde. Auch wegen Kraftersparniss dürfen die Flügel nicht so gestellt werden, dass sie die Luft nur, oder doch grösstentheils vor sich hertreiben. Das würden gerade und radialstehende Flügel thun. Wer sich die Mühe geben wollte zu untersuchen, welche Form am zweckmässigsten für Construktion der Flügel wäre, würde auf die archimedische Spirale kommen. Wir, die wir weniger feine Construktöre sind, begnügen uns in der Praxis mit einem Kreisbogen. Wir dürfen aber keinen Kreisbogen verwenden, dessen Mittelpunkt tangential zu dem Ring liegt, etwa wie in Fig. 7 bei *a*, das ist falsch, sondern dessen Mittelpunkt auf der

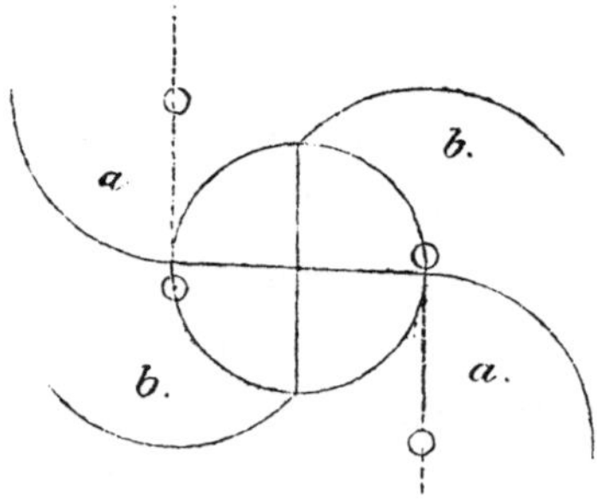

FIG. 7.

Ringperipherie selbst liegt, wie bei *b*. Augenscheinlich wird im ersten Fall (*a*) die Luft vor der Flügelwurzel im Kreise herumgetrieben, verursacht Widerstände und Kraftverluste, während im zweiten Fall die Flügelwurzel scharf einschneidet und die Luft nach aussen schleudert. Es gelten überhaupt bei diesen Schaufelrädern dieselben Gesetze, wie sie im Allgemeinen für gewöhnliche Ventilatoren, Exhaustoren etc. aufgefunden sind.

Die Achsen der Flügelräder gehen durch die Zapfen der Haspel hindurch, zu welchem Zweck letztere hohl gegossen werden, und sind gelagert in langen Gusseisenstücken vor den Haspellagern. (Fig. 5 Aufriss.)

Wie auf der anhängenden Tafel zu sehen, sind nur zwei Haspelreihen mit Flügelrädern versorgt, die mittlere und die untere. Man hätte auch statt der mittlern Reihe die obere wählen, oder alle drei Reihen mit Rädern versehen können. Dass man ersteres nicht that, hat seinen guten Grund in der Bauart der Leimmaschine. Das Rahmengestell würde in der Höhe, wo die obern Haspel liegen, allzusehr belastet werden und an Stabilität verlieren. Allen drei Reihen gab man keine Ventilatoren, weil es für die meisten Fälle genügt, wenn man die beiden Papierseiten abwechselnd ventilirt. Wenn man zusehen will, findet man, dass in den mittlern Haspeln die eine, in den untern die andere Papierseite ventilirt wird. Weiter braucht man nichts.

Die Geschwindigkeit, mit welcher die Flügelräder zu laufen haben, kann und muss sogar sehr veränderbar sein. Sie richtet sich nach dem Grade, wie das Papier trocknet: ob schnell, ob langsam, welches Wetter: ob Sonnenschein, ob Regen. Man muss es in der Gewalt haben, während des Gangs der Maschine die Schnelligkeit der Ventilatoren zu reguliren. Dieses Problem ist sehr schön gelöst worden, in der That auf eine sehr einfache Weise. Doch darüber im andern Kapitel mehr. Hier mag nur gesagt sein, dass Verhältnisse vorkommen, wo der Gang bis auf 250 Touren per Minute gebracht wird.

Ein Umstand erleichtert die Trocknung wesentlich und zwar der, dass man den Rädern eine der Bewegung des Papiers entgegengesetzte Richtung gibt. Die Vortheile dieser Vorsicht sind einleuchtend und brauchen nicht weiter dargelegt zu werden. Doch würden, wenn man diesen Gedanken konsequent zur Ausführung zu bringen gedenkt, die Getriebe eine zu komplicirte Form bekommen, wesshalb man sich mit der theilweisen Durchführung begnügt. Auch auf unserer Zeichnung sind nicht alle Flügelräder im rechten Sinn gestellt.

Betreffs Erwärmung steigt die Luft durch einen Rost von Dampfröhren in die Haspel. Dieser Rost x—y (ein Rohr neben dem andern) nimmt die ganze Länge und Breite der Leimmaschine ein. Die Anordnung ist im Grundriss besonders anschaulich, weil das System nach Entfernung der Haspel ganz und gar frei gelegt ist. Es liegen hier 5 Röhrenstränge horizontal nebeneinander. Die Anzahl ist von geringem Einfluss; bedeutungsvoller wirkt die Röhrenweite.

Wir haben es mit der Wärmeausstrahlung zu thun, und dieselbe findet in erhöhtem Maasse statt, je grösser sich die Oberfläche der Rohre gegen den Inhalt gestaltet. Wird der Durchmesser um die Hälfte verringert, so nimmt bei derselben Rohrlänge der Inhalt gegen früher um $\frac{1}{4}$, der Mantel dagegen nur um die Hälfte ab. Folglich, wenn die Wandgrössen im einfachen Verhältniss auf $\frac{1}{2}$, $\frac{1}{3}$, $\frac{1}{4}$ ihres ursprünglichen Maasses reduzirt werden, so verringern sich gleichzeitig die umgeschlossenen Inhalte im quadratischen Verhältniss, um $\frac{1}{4}$, $\frac{1}{9}$, $\frac{1}{16}$. Je kleiner der Rohrinhalt, desto grösser gestaltet sich im Verhältniss die Oberfläche und desto intensiver kann die Wärmeausstrahlung statt haben. Aus diesem Grunde wird man die Röhren zu unserer Lufterhitzung nicht allzu weit wählen: 8—10 Ctm. ist das Gebräuchlichste.

Es ist praktisch, den Rost etwas tiefer als das Maschinenfundament, oder wenigstens in gleicher Höhe mit demselben zu legen, unterhalb des Rostes aber einen ziemlich grossen Raum von ca. $\frac{1}{2}$ Meter Tiefe auszugraben. Seitlich ist diese Grube von den Maschinenfundamenten begrenzt und von oben mit dem Rohrenrost bedeckt. Die Luft, welche in die Grube eingeworfen wird, hat keinen andern Ausweg als nach oben, an den Dampfröhren vorbei.

Die Speisung kann mittelst eines Ventilators gewöhnlicher Construktion geschehn. Der Apparat selbst ist nicht verzeichnet, wol aber die Austrittsöffnungen des mit ihm in Verbindung stehenden Kanals. Diese Oeffnungen sind im Aufriss unterhalb der Röhren zu 4 Stück erkenntlich. Die Luft muss aus dem Fabrikhof geholt werden. Daher stellt man den Ventilator an einen passenden Ort in's Freie und gibt ihm ein von der Leimmaschine ganz getrenntes Getriebe.

Indem permanent frische Luft in die Grube zutritt, findet fortwährend eine Strömung durch den Röhrenrost hindurch statt, und die Luft erwärmt sich auf einen Grad, der davon abhängt, wie hoch sich die Dampfspannung beläuft. Bei schönem, trocknem Wetter habe ich stets den Dampfkrahn geschlossen, in ungünstigeren Zeiten nach Bedarf geöffnet und bin im schlimmsten Fall, während eines allgemeinen Landregens, nie über eine Dampfspannung gegangen, welche die Luft höher als auf 45° R. erhitzt hätte.

Durch das Röhrensystem steigt die Luft nach oben in die Haspel. Damit sie nicht seitlich entweichen kann, ist der Haspelraum gegen das übrige Lokal abgeschlossen. Auf der Triebseite der Leimmaschine ist das Rahmengestell mit Holzverschlägen ausgefüttert, während die Arbeits- oder Papierleitseite mit alten Nassfilzen behangen ist. So kann die präparirte Luft bis zu den obersten Haspeln steigen. Hier hat sie ihre Schuldigkeit gethan und kann abziehen. Muss sogar abziehen.

Die Möglichkeit eines genügenden Luftabzugs, also Lokalventilation, fördert den Gang der Leimtrocknung ganz ungemein. In frühern Jahren war man der Meinung, dass man die heisse Luft, die doch viel Geld kostet, bei Leibe nicht an der Decke des Maschinenraumes abfangen dürfe. Man steckte lange viereckige Holzröhren durch das Dach des Gebäudes und führte sie bis fast auf den Fussboden des Lokals. Man wollte damit lüften. Allein wie? Die mit Wasserdampf geschwängerte Luft ist bekanntlich spezifisch leichter als trockne Luft, und wird sich daher an der Decke des Lokals ansammeln. Umsomehr, wenn die gesättigte Luft heisse Luft ist. Aus eigenem Antrieb wird sich dieselbe nicht zu Boden setzen und abgehen. Solches kann nur erst dann geschehen, wenn sich der ganze Raum bis zu den Mündungen der Zugkanäle mit feuchter Luft angefüllt hat.

Ich habe solcher unsinnigen Einrichtungen viele gesehn. Für die Menschen war es eine Last, sich in der heissfeuchten Atmosphäre aufzuhalten. Das Papier trocknete schlechter und schlechter, als die heissfeuchte Luft sich in Masse ansammelte und nach den untern Schichten zu ausbreitete. Die Arbeiter konnten sich den Grund des schlechten Trocknens kaum erklären und vermehrten den Dampfzufluss in die Röhren. Nun wurde der Aufenthalt erst recht unerträglich, und das Papier trocknete dessen ungeachtet eher schlechter als besser. Es blieb nichts anders übrig, als Thüren und Fenster zu öffnen. Und siehe da, — das Papier trocknete plötzlich wunderbar.

Dieser Fingerzeig hätte die Herren, welche am Boden des Lokals ventiliren wollten, auf bessere Einsicht führen können. Aber wer kämpft gegen Vorurtheile? Die heisse Luft kostet einmal den Fabrikanten vieles, schweres Geld und darf nicht so mir nichts, dir nichts durch's Dach wegfliegen. Wenn die Fabrikanten doch einsehn wollten, dass die heisse Luft, wenn sie die Haspel durchstrichen hat, oben an der Decke sich sammelt, schon ihre Pflicht und Schuldigkeit gethan hat! dass sie mit Wasserdämpfen gesättigt ist und nicht mehr lösend auf Flüssigkeiten wirken kann! dass diese Luft nothwendiger Weise so bald wie möglich und auf den kürzesten Wegen den Maschinenraum zu verlassen hat, um trockener Luft Platz zu machen!

Wollen die Herren ihr Geld weiter nutzbar machen, so ist hierzu Gelegenheit geboten, indem sie die heissfeuchte Luft an der Decke abfangen und zur Erwärmung für Lumpen- resp.

Papiersäle benutzen. Diese Oerter sind stets mit schlechter, ungesunder Luft gefüllt, und würde es für die Arbeiter eine Wohlthat sein, feuchte Luft athmen zu können.

Verfolgt man keine derartigen Zwecke, so muss nichtsdestoweniger an der Decke gelüftet werden. Hierzu genügen 2 bis 3 Oeffnungen von ¹⁄₂ Meter im Quadrat, unter welchen zum Schutz des hinlaufenden Papiers kleine Dächer in Breite der Leimmaschine anzubringen sind. Aehnlich, wie ich das aufgezeichnet. — Bei derartiger Einrichtung hat man die Vortheile, dass viel weniger Dampf für die Hitzröhren verthan, dass der Aufenthalt für die Arbeiter sehr angenehm wird, und dass endlich das Papier stets gut und gleichförmig trocknet.

An's Ende des Trockenapparats, an Stelle eines fehlenden Haspels, sieht man bei *D* einen Trockencylinder hingelegt. Dieser kann mit Dampf gefüllt werden und ist eine Vorsichtsmaassregel. Es kann vorkommen, dass während der Arbeit die Flügelräder oder ein Theil derselben aus irgend einer Ursache zum Stillstand kommen. Das Papier würde in solchen Fällen nicht trocknen können. Zwar wäre zu helfen, wenn man die Luft in den Haspeln stärker erhitzt, oder die Leimpresse stärker wirken lässt; dass man den Leim kühlt oder in den Cylinder *C* Wasser einströmen lässt, wenn vorher Dampf da war. Jedoch helfen diese Manipulationen nicht für den Augenblick und bedürfen, bis sie zur völligen Wirkung gelangen, längerer Zeit.

Der Trockencylinder *D* ist während solcher Kalamität der einzige Helfer aus der Noth. Man gibt Dampf und trocknet das feucht zulaufende Papier.

Ich muss darauf aufmerksam machen, dass der Gebrauch dieses Cylinders für die Güte des thierischen Leimes nicht empfehlenswerth ist, weil er die Trocknung forcirt. Und das soll bekanntlich nicht sein. Bei normaler Arbeit muss der Cylinder kalt laufen. Nun lieben es aber die Wärter gar zu sehr, etwaige Fehler der Leimmaschine, denen nachzugehen ihnen Mühe machen würde, hier auf dem Cylinder auszugleichen. Der betreffende Werkmeister muss ein wachsames Auge haben und den Leuten scharf auf die Finger sehn.

Hinter dem Cylinder sind die Glättpressen angebracht, deren untere Walze im vorliegenden Fall ebenfalls erwärmbar ist.

Man kann nicht alle Haspel in ein und dasselbe Getriebe legen. Die Gründe hierfür sind dieselben, welche bei dem Trockenapparat der Papiermaschine eine Theilung in mehrere Abtheilungen benöthigen. Das Papier schrumpft wie es trocknet zusammen und verlangt eine periodisch abnehmende Gangart der Haspel. Bei unserm Beispiel sind die 35 Stück in 3 Getriebe genommen. Das erste System umfasst 12, das zweite wieder 12 und das dritte 11 Haspel. Die Getriebe befinden sich alle, wie bei der Papiermaschine, auf ein und derselben Seite mit Ausnahme der Treibriemen für die oberste Haspelreihe.

Eine Welle *w* zieht sich neben und an der ganzen Maschine entlang hin, und versetzt in bestimmten Absätzen durch konische Zahnräder mehrere Riemscheibenwellen in Drehung. Diese übertragen ihre Kraft mittelst Riemen auf die Wellen, worauf die treibenden Stirnrädchen No. 1, 2 und 3 sitzen. Die Stirnrädchen liegen zwischen den Haspelständern und greifen hier in Zahnräder ein, welche als erweiterte Kopfstücke der Haspel mit diesen eng verbunden sind. Fig. 5a verdeutlicht es, wie sich die Speichen über den Lattentragring hinaus zu Zahnradspeichen fortsetzen.

Nun sind die Haspel so gelegt, dass die Zahnräder der untern Reihe in diejenigen der mittlern Reihe eingreifen, dagegen sich mit den benachbarten in derselben Reihe nicht berühren können. Nur dort, wo man zu einem neuen Getriebe ein anderes Stirnrädchen eingreifen lässt, ist die Verbindung der mittlern Haspelreihe mit der untern gelöst. Die grosse Figur zeigt die Sachlage in punktirten Kreislinien.

Der obern Haspelreihe braucht man für dicke Papiere gar keine Getriebe zu geben. Denn sie wird vom Papier mitgenommen. Für dünne Papiere ist diese Arbeit etwas zu schwer, und man hat sich vorzusehen, dass das Papier nicht reisse. Daher treibt man die oberen Haspel von der mittlern Reihe aus mittelst Riemen, welche man über die Latten führt und deren Gang man mittelst Haken an einer bestimmten Stelle des einen Endes festhält. Man wählt hierzu das Haspelende der Arbeitsseite und lässt die Latten etwas vorstehen. Die Haspelstirnräder sind dagegen auf der Triebseite angebracht.

So ist der Arbeiter im Stande, durch Auflegen von Filzstreifen auf die zwischen den treibenden, konischen Räderpaaren und Stirnrädchen eingeschalteten Riemscheiben das Haspelsystem No. 1 etwas schneller wie No. 2, und dieses etwas schneller wie No. 3 gehen zu lassen. Von den ausdehnbaren Riemscheiben halte ich nicht viel, ich kenne wenigstens keine einzige annehmbare Konstruktion.

Bei Anlage der **Flügelradgetriebe** hat man gar Manches zu überlegen. Es muss den Arbeitern die Möglichkeit gegeben werden, den Gang der Flügelräder nach Maassgabe der Papiertrocknung zu reguliren, ohne dass der regelmässige Lauf der Maschine beeinflusst werde. Selten ist ein Problem mit einfachern Mitteln endgültig gelöst worden, wie dieses. Man legte Seiltrieb an und trennte das ganze Getriebe in ebenso viele Theilungen, wie Einzelgetriebe bei unsern Haspeln vorhanden sind. Dadurch erhielt ein jedes Haspelsystem sein selbständiges Flügelradgetriebe. Den 3 Systemen auf unserer Zeichnung entsprechen 3 Flügelradgetriebe.

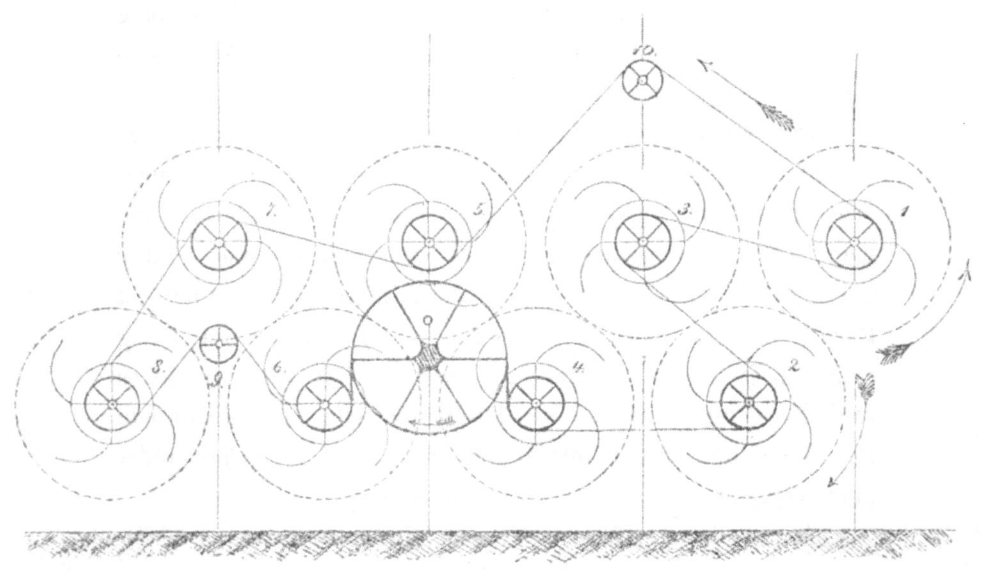

FIG. 8.

Fig. 8 stellt eine Abtheilung dar. Um irrigen Vorstellungen auszubeugen, bemerke ich, dass die Ansicht der Fig. 8 die Rückseite vom Aufriss unserer Maschinenaufnahme ist. Was hier links, das ist dort rechts. Die ganze Maschine zeigt sich von der Arbeitsseite, während das Flügelradgetriebe von der Triebseite her gesehen werden muss. Die oberste Haspelreihe ist nicht notirt, weil sie keine Ventilatoren hat.

Die Seile laufen über Schnurpullis, an der Peripherie ausgehöhlte Räder (ähnlich Flaschenzugrollen), welche auf der Flügelradachse befestigt sind. Ich habe die Pullis mit Zahlen 1—8 benannt. Alle erhalten ihre Bewegung von dem grossen Pulli *o*, welches seinerseits auf einer Welle sitzt, die mittelst Riemscheiben in Betrieb gesetzt wird. Wenn man dieser Welle 50 Drehungen per Minute gibt, dem grossen Schnurpulli $1\frac{1}{2}$ Meter und den kleinen getriebenen 30 Ctm. Durchmesser, so kann man durch diese sehr praktischen Maasse und Verhältnisse eine Maximalgeschwindigkeit der Flügelräder von 250 Touren per Minute erhalten. Um diese Maximalgrenze in der That zu erreichen, muss der Strick sehr stark angespannt werden. Eine Spannvorrichtung ist unbedingt nöthig, schon aus dem Grund, dass die Stricke sich längen. Diese ist im Schnurpulli 9 angedeutet. Wird das Spannpulli gehoben, so spannt sich der Strick, wird es gesenkt, so erschlafft der Strick. In gelockertem Zustand kann der Strick die getriebenen Seilräder nicht mehr fest umfassen und muss nothwendig in dem Verhältniss zu gleiten anfangen, als die Spannung nachliess. Ja die Erschlaffung kann so weit getrieben werden, dass die Pullis und mit ihnen die Flügelräder zum Stillstand gelangen. Zwischen diesen äussersten Grenzen der Seillockerung und Anspannung hat es der Arbeiter durch Heben oder Senken des Spannapparats in seiner Gewalt, die Geschwindigkeit der Flügelräder nach Gutdünken zu reguliren; d. h. jede nur denkbare Geschwindigkeit zwischen o und 250 Touren hervorzurufen.

Die Theilung des Getriebes in mehrere unter sich unabhängige Abtheilungen hat viele Vortheile im Gefolge. Als ersten die Verwendung kurzer Seile. Kurze Seile haben nicht nöthig so stark angespannt zu werden, wie lange, um Gleiches zu leisten, und halten desshalb längere Zeit her. Würden alle Flügelräder an ein und demselben Strick arbeiten, so würden sie, reisst mal unglücklicherweise der Strick, alle plötzlich still stehn bleiben. Wir kennen schon das Fatale einer solchen Situation. Reisst uns dagegen ein Strick, welcher nur 8 Flügelräder zu treiben hat, so bleiben die Ventilatoren der übrigen

Systeme noch immerhin in Thätigkeit, und die bösen Folgen können nicht so bedeutend sein.

Mehr als das: Jeder Praktikus weiss die einzelnen Cylinder auf dem Trockenapparat der Papiermaschine zu schätzen und zu gebrauchen. Wie er zu Anfang leise den Trockenprozess beginnt, in den erstgelegenen Cylindern Dampf unter schwachem Druck wirken lässt und die Verdampfung nur allmählig auf ihre Höhe bringt, ganz so stufenweise können wir auf der Leimmaschine den Flügelrädern der verschiedenen Systeme zunehmende Geschwindigkeiten verschaffen. Den Flügelrädern des ersten Systems geben wir z. B. 100, des zweiten 150 — 200, des dritten erst 250 Umdrehungen. Was auf der Papiermaschine sich schon als Vortheil geltend machte, zeigt sich hier auf dem Trockenapparat der Leimmaschine als eine Nothwendigkeit ersten Ranges, weil die Qualität des Fabrikats gradezu von einem gemässigten, stufenweisen Austrocknen des Leims abhängt. Diese Thatsache ist nicht hoch genug anzuschlagen. Ich wiederhole: Eine in allen Stücken regelrechte Trocknung kann es bewirken, dass ein Papier, welches wenig Leimflüssigkeit in sich aufnahm, besser und stärker geleimt auskommt, als dasselbe Papier, welches, trotzdem es mehr Leim absorbirte, unvernünftig schnell getrocknet ward.

Die Richtung der ventilirten Luft soll der Papierbewegung entgegengesetzt sein. Es ist nicht unmöglich, diesen Gedanken zur strikten Ausführung zu bringen, doch würde sich die Anlage zu komplizirt gestalten. Auch ist diese Frage nicht von grosser Bedeutung, und in der Praxis thut es gar nichts, wenn 2 oder 3 Flügel sich in der Papierrichtung drehen. Meine Anordnung habe ich in der Fig. 8 veranschaulicht. Ein todtlaufendes Pulli 10 ist dort zugenommen worden. Der Strick geht von 1 nach 3, 2, 4, über Treibpulli *o* nach 6, Spannpulli 9 nach 8, 7, 5, über Leitpulli 10 nach 1 zurück. Dabei bewegen sich Flügelrad 1 und 7 mit dem Papier, 2, 3, 4, 5, 6, 8 gegen das Papier. Wenn man will, jene 2 Stück falsch, diese 6 Stück richtig. Aber unter falscher Drehung versteht man doch etwas anderes. Es muss aufgepasst werden, dass die Flügelräder 1 und 7 denjenigen von 3 und 5 entgegengesetzt zu stellen sind. Sonst würden sie die Luft in das Haspelinnere hineinziehen, anstatt sie in die Haspellatten nach aussen zu werfen. Das würde ein unverzeihlicher Fehler sein. So augenscheinlich dieser ist, so glaube ich doch darauf aufmerksam machen zu müssen, denn ich habe ihn mehr wie einmal in der Praxis angetroffen.

Wegen der veränderbaren Geschwindigkeit setzt man das Getriebe der Flügelräder nicht gerne mit der die Papiermaschine treibenden Dampfmaschine in Verbindung, sondern legt einen eigens dazu bestimmten kleinen Motor an, oder verbindet das Getriebe, wenn es geht, mit der Transmission, welche die Holländer treibt. Letztere Anlage hat den Nachtheil, dass, wenn in den Holländern Stillstand eintritt, auch die Flügelräder stehn. Eine kleine Dampfmaschine ist meiner Meinung nach das allein Richtige.

Dagegen muss, wenn das Papier ohne Ende von der Papiermaschine direkt auf die Leimmaschine soll übergeführt werden, die bewegende Kraft für die Haspelgetriebe von der die Papiermaschine treibenden Dampfmaschine genommen werden. Die Verbindung wird über konische Riemscheiben hergestellt, auf welchen der Riemen mittelst Schraubenapparats hin und her geschoben werden kann, um die Ungleichheiten zu ebnen, welche bei so langen Transmissionen unterlaufen. Auf der Maschinenskizze sind die konischen Scheiben am Ende links verzeichnet. Der Schraubenapparat ist weggelassen. Es ist derselbe, der bei konischen Scheiben allgemein in Gebrauch ist.

Auch während der Ueberführung des Papiers von der Papier- auf die Leimmaschine ist eine Regulirung der Spannung nicht zu umgehen. Der Sachverständige sieht ein, dass, wenn das Papier von der Maschine direkt in den Leimtrog und die Presse ginge, beim Schnellerlaufen der Leimmaschine ein Durchreissen der Papierbahn Folge sein müsste. Dem vorzubeugen ward der Apparat A zwischeneingeschaltet. Derselbe besteht aus zwei Paar Ständern und drei Papierleitwalzen. Von letztern liegen 2 fest, während die dritte mittlere sich mit ihren Lagern in dem durch die Ständer gebildeten Schlitz auf und ab bewegen kann. Das Papier kommt über eine der festen Walzen, geht um die lose Walze herum, über die zweite festliegende auf die Leimmaschine. Die mittlere Walze wird folglich vom und im Papier getragen und spannt die Bahn durch ihr eigenes Gewicht. Arbeitet die Leimmaschine plötzlich schneller als die Papiermaschine, so gleicht die Spannung des Papiers sich aus, indem die bewegliche Walze gehoben wird. Geht die Leimmaschine langsamer, so senkt sich der Selbstspanner und die Spannung bleibt dieselbe. An der Geschwindigkeit, womit sich die Walze hebt oder senkt, kann der Arbeiter sehr leicht beurtheilen, ob er des Guten auf den konischen Scheiben in Regulirung des Gangs der Leimmaschine zu viel gethan hat und dreht zurück. Er hat dabei aufzupassen, dass die Walzenstellung nie die äussersten Grenzen erreiche.

Das Gewicht der Spannwalze wechselt für verschiedene Stärken des Papiers. Für dicke Papiere muss die Walze beschwert werden. Das geschieht einfach durch beiderseitiges Anhängen von Gewichten an die Zapfen. Für dünne Papiere muss die Walze entlastet werden. Das geschieht mittelst eines beiderseitigen Rollenzugs, dessen Strick am Walzenlager befestigt ist, nach oben über eine Rolle geht und an dem niedergehenden Ende Gegengewichte erhält. Wie das die Fig. 9 erläutert. Durch Zuthun oder Abnehmen der Gewichte passt der Arbeiter den Selbstspanner der Papierdicke an. Er erlangt hierzu sehr bald die nöthige Fertigkeit und Geschick.

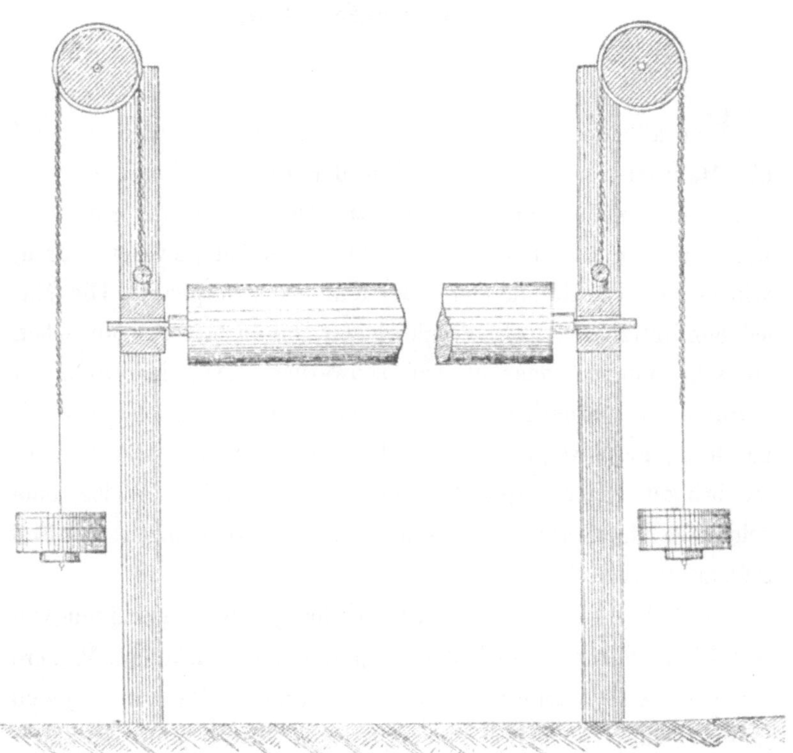

Fig. 9.

Harzleimpräparation.

Für alle unsere bisherigen Betrachtungen, welche sich auf die Manipulationen und den Bau der Leimmaschine bezogen, liegen keinesfalls solche Papiere zu Grunde, die bis zum Eintauchen in die Leimflüssigkeit total ungeleimt gewesen wären, wie es bei der Handleimerei der Fall zu sein pflegt. Die Maschinenthätigkeit ist im Vergleich zur Handarbeit der Menschen so sehr plump, dass es wol schwerlich Jemandem gelingen würde, nicht präparirte Papiere durch die Leimsolution hindurchzuführen, geschweige über den langen Trockenapparat hinüber zu bringen. Der Papierstoff muss nothwendiger Weise eine schwache Harzleimung besitzen, bevor er mechanisch thierisch geleimt werden kann.

Der Mengenzusatz des Harzes hängt im Allgemeinen von der Dicke des zu verarbeitenden Papiers ab. Dünnere Papiere brauchen eine stärkere Harzleimung, dickere Papiere dagegen eine schwächere, ja bei einer gewissen Dicke kann der Harzleim auf ein Minimum reduzirt werden, so dass diese Papiere als rein thierisch geleimte betrachtet werden können. Die Möglichkeit der Ausführung gestattet das. Dagegen erkennt jeder Praktikus die vorzüglichen Eigenschaften des Harzleims an und leimt, weil Harzleim und thierischer Leim sich gegenseitig in ihren Eigenschaften ergänzen, alle Papiere ohne Ausnahme, auch die dicksten mit einer grössern Portion Harzleim, als es auf den ersten Blick nöthig zu sein scheint.

Ueber den quantitativen Zusatz von Harzleim, das „wie viel", kann nur die Erfahrung und ein gründliches Studium der Leistungsfähigkeit einer zur Verfügung stehenden Leimmaschine Aufschlüsse und Vorschriften geben. Als erster Grundsatz muss festgehalten werden, dass, je stärker mit Harz geleimt war, desto weniger thierischer Leim aufgenommen werden kann. Es ist durch ein Naturgesetz begründet, wie in die schon vom Harzleim gefüllten Poren kein thierischer Leim mehr dringt. Der Fall wäre denkbar, dass ein Fabrikant seine schon genügend harzgeleimten Papiere thierisch nachleimen will, um in gewisser Beziehung ein ganz vorzügliches Fabrikat zu produziren. Für diesen Herrn wäre schon eine Leimmaschine hinreichend, welche gegen die von mir vorgeführte verschwindend kleine Dimensionen anzunehmen vermöchte. Der Fälle sind undenkbar viele. Es kommt darauf an, was man beabsichtigt, wie weit man mit der Massenleimung zu gehn gedenkt, und es gestalten sich Leimmaschinen, welche sich gegenseitig, eine der andern nicht mehr gleichen. Ist aber der Bau und die Anlage definitiv festgestellt, so ist man an einen bestimmten Harzzusatz gebunden. Meistentheils gibt die grössere oder geringere Vollständigkeit einer vorhandenen Leimmaschine den Ausschlag. Tränktrog, Presse, Trockenapparat, alle spielen hierbei ihre Rolle, auf alle muss Rücksicht genommen werden.

Es fragt sich, welche Normalsätze da gelten. Ich kann aus meiner Praxis Angaben machen, welche sich auf eine bestimmte Maschine beziehen. Doch muss ich warnen, meine Rezepte so mir nichts, dir nichts auf andere Anlagen zu übertragen, auch wenn man Umrechnungen vornimmt. Es kommen hier Verhältnisse in Betracht, die gar nicht zu übersehen sind. Nur gründliche Vertrautheit mit der Sache und langjährige Arbeit vermögen zuverlässige Rathgeber zu sein.

Kurz rekapitulirt, war die Anlage meines Leimtrocken-

apparats (denn hierauf kommt's am meisten an) in den Haupt-
rissen folgende:

4 Systeme Haspel in 3 Reihenlagen,
in der obern Reihe 16 kleine Haspel zu 1 Meter Durchmesser,
- - untern Reihen 31 grosse - - 1,35 - -
Dem entsprechend
31 Ventilatoren mit höchstmöglicher Geschwindigkeit von
250 Touren pr. Minute.
12 Dampfheizrohre in rostförmiger Anlage und in Ausdehnung des Trockenapparats, von 10 Ctm. Rohrweite.

Mit Rücksichtnahme auf diesen Apparat und die in der Ma-
schinenzeichnung vorgeführten weiteren Einzelheiten musste ich
eine Holländerfüllung von 75 Ko. trocken gedachten Stoffs mit
folgenden Mengen Harz präpariren:

Papiergewicht für 1000 □ Ctm. im Neuriess*).	Harzzusatz im Holländer.	Harz zum Stoff in Prozenten.
9,0 Ko.	1,0 Ko.	1,33 %
8,0 -	1,25 -	1,66 -
7,5 -	1,5 -	2,0 -
7,0 -	2,0 -	2,66 -
6,5 -	2,5 -	3,33 -
6,0 -	3,0 -	4,0 -

**Obgleich ich weiss, dass die deutsche Harzleimerei
die beste der Welt ist,** und obgleich ich überzeugt bin, meinen
deutschen Fachgenossen nichts Neues vortragen zu können,
wenn ich meine Gebräuche bei der Harzbehandlung und Leimung darlege, so glaube ich doch der Vollständigkeit halber

---

*) Siehe Anhang.

und für den Leser dieser Schrift die für unser thierisches Leim-verfahren gangbarsten Methoden behandeln zu müssen.

Sogenannte Harzseife, eine chemische Verbindung von Harz der Pinusarten mit Soda oder Pottasche, vertritt den thierischen Leim in sofern, dass Alaun ($Al_2 O_3$, SO_3) die gelöste Seife zu einen dicken, klebrigen, grauweisslichen Niederschlag fällt (schwefelsaure Natron-Thonerdeseife oder harzsaure Thon-erde) und ihm die Eigenschaft gibt, sich mit der Faser auf's innigste zu verbinden. Obgleich die Wissenschaft im Kapitel der Harze noch wenig Aufklärung geschaffen hat, so hat sich unter den Papierfabrikanten ein Verfahren empirisch zur Gel-tung gebracht, welches mit ziemlicher Sicherheit auf Erfolge schliessen lässt.

Ich hatte in Erfahrung gebracht, dass, wenn ich die Harz-seifenlösung für sich apart dem Stoff zutheilte, stets Schaum auf der Papiermaschine entstand. Um diesen zu entfernen, ver-suchte ich alle möglichen bekannten und unbekannten Mittel, aber keins von Allen erwies sich als zureichend. Der Schaum verminderte sich bisweilen, aber nie verschwand er. Seine gänz-liche Vernichtung gelang mir erst, als ich anfing, meine Harz-seifenlösung mit Thonerde (Chinaclay) und Stärke zusammen tüchtig durchzukochen. Setzte ich dieses Gemisch dem Holländer bei, so konnte ich beruhigt sein, es zeigte sich kein Schaum.

Vor dem Mischen und Kochen wurden die Materialien alle einzeln ihrer Natur und Bestimmung gemäss behandelt. Ein Quantum von 200 Ko. Harz liess ich zweimal kochen. Das erste Mal mit 18 Ko. Potasche in 100 Liter Wasser; das zweite Mal mit 18 Ko. Calc. Soda in soviel Wasser, als Lauge aus der abgestandenen ersten Kochung abgeschöpft war. Die er-haltene Harzseife wurde sodann auf 400 Liter mit Wasser ver-dünnt, damit ein für alle Mal 1 Liter Harzseife $\frac{1}{2}$ Ko. ur-sprüngliches Harz enthielt. Zum Abfangen gröberer Unreinlichkeiten liess ich die noch heisse, flüssige Seife durch ein Sieb No. 60 in die Vorrathsbehälter ablaufen.

Die Seifenlösung stellte ich nach Bedarf dar. Man kann die Harzseife in heissem aber auch in kaltem Wasser lösen. Ich halte das letztere Verfahren für das bessere. Allerdings ist dabei mit mehr Vorsicht zu operiren, und die Lösungsprozedur ist eine viel langwierigere als mittelst kochenden Wassers; doch ist die Wirkung des kalten Wassers eine vollständigere und erzeugt einen klareren, helleren Leim. Man wird stets zu einem günstigen Resultat gelangen, wenn man einen Grundsatz vor Augen behält, dessen Anwendung auf alle Seifen Gültigkeit hat, sowohl auf die eigentlichen Seifen wie auf die Harzseifen: dass viel Wasser, d. h. ein übergrosses Quantum desselben, die Seifen nicht löst, sondern zersetzt.

In die Bütte, wo die Lösung vorgenommen werden sollte, brachte ich 100 Liter Harzseife = 50· Ko. Harz, übergoss dieses Quantum zum ersten Mal mit nur 50 Liter kalten Wassers und rührte so lange, bis die Seife sich zu einem homogenen Brei gelöst. Darauf goss ich 100 Liter kaltes Wasser zu, rührte und löste wieder wie vorhin. Zum dritten Mal konnte ich schon 200 Liter kaltes Wasser nehmen und so fort mit stets zunehmenden Mengen Wassers zu Werke gehn. Ein befriedigendes Ende wurde erreicht, wenn die Lösung so stark verdünnt war, dass sie einen Raum von 1000 Liter ausfüllte. Hiermit war sie zugleich auf einen solchen Grad des Dünnflüssigen gebracht (in 100 Liter 5 Ko. Harz), wo die überwiegende Menge der verunreinigenden, sehr kleinen Körper ein spezifisches Uebergewicht in Bezug zu ihrem Medium erlangte und sich in Folge dessen auf dem Boden der Rührbütte absetzte. Durch Krahne, welche an verschiedenen Höhepunkten des Bottigs angebracht worden, zog man die klare, abgestandene Harzseifenlösung schichtenweise ab, und zwar bis zu derjenigen

Grenze, wo die verunreinigenden Körper Platz genommen. Filtrirte ich obendrein die Flüssigkeit während des Ablassens durch Wollsäcke, welche den Krahnen vorgebunden, so erhielt ich eine Seifenlösung, welche, was Reinheit und Güte anbelangt, ihres Gleichen suchte.

Hatte ich darauf meinen Entschluss gefasst und bestimmt, dass einer Holländerfüllung von 75 Ko. trocken gedachten Stoffes z. B.

16 Ko. Chinaklay

1 - Stärke

2,5 - Harz

beigetheilt werden sollten, so musste ich zunächst überlegen, wie diese Mischung für den Müller weder zu dick, noch zu dünnflüssig hergestellt werde. Die Erfahrung brachte mich darauf, dass obige Mengen sehr wohl mit so viel Wasser behandelt werden können, dass sie sich in 100 Liter fassen lassen. Dieses Maass war für den Müller recht handlich. Zur Mischung stand mir eine Kochbütte mit Dampfzuleitung von 1500 Liter Inhalt zur Verfügung. Ich konnte mithin jedes Mal für 15 Holländerleeren Material präpariren und hatte zu einmaliger Kochung

240 Ko. Thonerde

15 - Stärke

37,5 - Harz = 750 Liter Seifenlösung

abzuwiegen resp. abzumessen.

Zunächst wurde die gekochte, sorgfältig filtrirte Thonerde in die Bütte gebracht. Selbstverständlich durfte sie nicht mehr wie höchstens 600 Liter Raum einnehmen, denn man musste für 750 Liter Seifenlösung und für die in ca. 100 Liter Wasser gelöste Stärke Raum reserviren. Waren die Materialien untergebracht, so durfte Dampf einströmen. Die Mischung gerieth in's Sieden, und der Kochprozess dauerte so lange, bis die Masse ganz steif geworden und einen bläulichen Schimmer angenommen. Nach Beendigung goss man das an 1500 Liter fehlende Wasser zu, und der Müller maass sich je 100 Liter für einen Holländer ab.

Ich hatte geglaubt mit grösserer Sicherheit vegetabilisch leimen zu können, wenn ich den Alaun schon in der Mischbütte zutheilte und hier endgültig den Leimniederschlag bildete. Sehr wesentliche Vortheile wären daraus erwachsen. Man hätte nicht von der Geschicklichkeit und dem guten Willen des Müllers abgehangen. Es kommt sehr häufig vor, dass durch die Unachtsamkeit des Arbeiters eine Holländerleere nicht genügend geleimt wird: wenn zu wenig Alaun zugethan oder derselbe ganz vergessen und weggelassen wurde; auch dann, wenn die Harzseifenlösung sich nicht homogen im Stoff vertheilt hatte, und der Alaun nicht sein Aequivalent Harz fand. Der Fabrikant stellt sich unabhängiger vom Müller, wenn er demselben den fertigen Leimniederschlag in die Hand gibt. Ein anderer Vortheil würde der sein, dass solche Ingredienzien, die nachtheilig auf die Seifenlösung wirken, und einem spätern Niederschlag nicht die nöthigen leimenden Eigenschaften zukommen lassen, umgangen werden würden. Es sei hier auf Chlor hingewiesen. Chlor kann zwar unschädlich gemacht werden durch Auswaschen oder Neutralisirung mittelst Antichlors (unterschwefligsaures Natron). Aber das Fabrikwasser! Manchen Papierfabriken steht ein Wasser zur Verfügung, welches absolut nicht im Holländer harzleimen lässt, es sei denn, dass der Leim vorher gebildet war. Für derartige Fabriken ist letzteres Verfahren unumgänglich.

Ich würde es allen Fabriken ohne Ausnahme anempfehlen, wenn das Verfahren nicht seine grossen Schattenseiten hätte. Es wurde erwähnt, dass die Materialien in der Mischbütte gekocht werden. Man mache aber den Versuch und fälle den Niederschlag kalt und heiss. Man wird einen grossen Unterschied finden. Jener Niederschlag ist schön flockig und stark klebend, dieser körnig und wenig klebend. Es kann vorkommen, dass der körnige Niederschlag, wenn die Hitze zu gross war, gar nicht mehr leimend auf's Papier wirkt.

Ich habe lange Zeit einen Niederschlag warm dargestellt und günstige Resultate erzielt. Doch ist die Arbeit eine zu schwierige und verlangt ausgezeichnete Arbeiter. Die Kunst ist die, dass die Hitze nicht zu gross sei, und die körnige Modifikation vermieden werde, aber gross genug war, um eine innige Verbindung von Thonerde, Seifenlösung und Stärke herbeigeführt zu haben. Diese Schwierigkeiten sind in der Praxis viel härter zu überwinden als diejenigen, welche dem Müller bei Bildung des Niederschlages im Holländer erwachsen. Hat man die leimfeindlichen Substanzen im Holländer unschädlich gemacht, so ist hier die Leimbildung vorzuziehen. Thonerde, Harzseife und Stärke können nach Wohlgefallen durcheinander gekocht und noch heiss im Holländer vertheilt werden. Da die Mischung hier sehr bald die Temperatur des Stoffes annimmt, so fällt der später zugesetzte Alaun stets auf kaltem Wege.

Als günstig für die Arbeit empfehlen sich folgende Gewichtsverhältnisse:

Papiergewicht für 1000 □Cm. im Neuriess*).	Zusatz im Holländer zu 75 Ko. Stoff-Füllung.		
	Thonerde.	Harz.	Stärke.
9,0 Ko.	20 Ko.	1,0 Ko.	1 Ko.
8,0 -	17,5 -	1,25 -	1 Ko.
7,5 -	15 -	1,5 -	1,5 -
7,0 -	12,5 -	2,0 -	1,5 -
6,5 -	10 -	2,5 -	2 -
6,0 -	7,5 -	3,0 -	2 -

*) (Siehe Anhang.)

Schlussbemerkungen.

Pekuniäre Vortheile der thierischen gegenüber der Harz-Leimung können hier nicht erörtert werden. Sie hangen mit den Preisen der Rohmaterialien, billigeren oder theureren Arbeitskräften etc. etc. innig zusammen. Wenn ich eine Autorität anführen soll, so verweise ich auf Karl Hofmann, welcher in seinem Handbuch der Meinung ist, dass thierische Leimung auf keinen Fall theurer wie Harzleimung zu stehen kommt. Eher sei er des Gegentheils überzeugt. Habe man die Anlagekosten einer Leimmaschine überwunden, so sei die thierische Leimung billiger. Diesem Urtheil schliesse ich mich im Allgemeinen an.

Das Hauptgewicht lege ich dabei auf den Umstand, dass bei der thierischen Leimung kein Materialverlust statt hat, während bei der vegetabilischen oder Harzleimung sehr grosse Mengen durch's Sieb tröpfeln und abgehen.

Ein zweiter Vortheil liegt darin, dass thierisch geleimte Papiere einen viel schönern Glanz und eine höhere Glätte annehmen, als mit Harz geleimte. Ich erwähnte schon, dass niedrige Papiere eine genügende Glätte in der kupfernen Leimpresse und einem einfachen dreiwalzigen Maschinenkalander erhalten, dass also hierzu die spätern Satinirunkosten gespart werden können, und keine theuren Glättapparate angeschafft zu werden brauchen.

Drittens bekommt thierisch geleimtes Papier eine viel grössere Festigkeit und mehr Klang wie harzgeleimtes aus demselben Stoff.

Viertens ist die thierische Leimung eine rationellere und dem Bedürfniss entsprechendere. Letzteres, weil es sich erwiesen, dass gewisse Papiere, auf deren Leimsicherheit das grösste Gewicht gelegt wird, nur thierisch geleimt werden dürfen (Whatman'sches Zeichenpapier); rationeller, weil nur die Oberflächen geleimt werden. Wir verlangen, dass Tinte oder ein sonstiger Schreibstoff auf der Oberfläche des Papiers zurückbleibt. Dazu genügt die Leimung der obersten Schichten, und ist eine Leimung durch die ganze Masse nicht erforderlich. Auch bei der thierischen Leimmethode wird im Tränktrog das Papier durch und durch geleimt. Hier würde es dem vegetabilisch geleimten Papier gleichkommen und ebenbürtig sein. Dadurch aber, dass der spätere Trockenprozess den die Masse durchdringenden Leim auf den beiderseitigen Oberflächen ansammelt, werden zwei Schichten geschaffen, welche überleimt sind, d. h. wo der Leim konzentrirt den aufgetragenen scharfen Flüssigkeiten um so leichter widersteht. Würden diese Papierschichten abgeschält oder wegradirt, so würde das Papier ungeleimt werden. Und das ist das Hauptmerkmal zur Unterscheidung zwischen thierisch- und harzgeleimtem Papier. Womit aber nicht etwa gesagt sein soll, dass, falls ein radirtes Papier ungeleimt, dieses Faktum mit Bestimmtheit auf thierischen Leim schliessen liesse.

Fünftens ist die thierische Leimung eine über alle Maassen sichere. Von der Harzleimung kann das nicht behauptet werden. Wie viel harzgeleimtes Papier kommt ungenügend geleimt in den Handel! Häufig trägt der betreffende Werkmeister die Schuld, wenn er nicht die gehörige Sorgfalt entwickelte, häufig jedoch und häufiger liegen die Gründe in Thatsachen, welche gar nicht zu umgehen sind, entweder permanent wirken, oder, was schlimmer ist, periodisch auftreten. Ich erinnere an's Fabrikwasser. Solche ungünstig situirte Fabriken machen sich nur dann lebensfähig, wenn sie thierischen Leim adoptiren. Sie brauchen keine so riesige Maschine aufzustellen, wie ich sie vorführte. Wenn sie ihre Papiere mit Harz so gut leimen, als es eben geht, und dann thierisch nachleimen, so genügt meistens eine Anlage, welche verschwindend kleine Dimensionen anzunehmen vermag.

Nur einen Nachtheil hat unsere Leimmaschine. Es ist kein grosser, aber doch immerhin ein Nachtheil, der erwähnt werden muss. Unsere Alten hingen jeden einzelnen Bogen zur Trocknung frei auf. Der Bogen konnte sich von allen vier Seiten gleichmässig zusammenziehen. Er erhielt durch die nachträgliche Verfilzung die wunderbare Festigkeit, welche wir noch heutzutage bewundern. Diesen grossen Vortheil büssen wir theilweise auf den Haspeln ein. Hier muss, um dem Papier einen geraden, richtigen Lauf über die lange Leimmaschine zu geben, eine gewisser Anzug in der Längsrichtung beobachtet werden. Das Papier vermag mithin in seiner Längsrichtung sich nicht so sehr zusammenzuziehen, wie es wünschenswerth erscheint. In der Breite ist das Einschrumpfen sehr bedeutend, gleicht den Fehler der Längsrichtung aus, hebt ihn aber nicht auf.

Es scheint, dass wegen dieser Ursache, die Amerikaner den Trockenapparat nach englischem System nicht angenommen haben, dass sie direkt nach der Leimpresse die Bogen schneiden und dieselben nach alter Mode trocknen. Jedoch diese Manier kann uns weniger imponiren, als die englische.

Sicherlich haben weder Amerikaner noch Engländer die mechanische thierische Leimung auf den Höhepunkt ihrer Entwicklung gebracht. Die Sache ist der Entwicklung fähig. Würden z. B. nicht jene Trockenapparate für Buntpapierfabrikation zu Anhalts- und Ausgangspunkten dienen können?

Anhang.

Ich hatte schon in der Papierzeitung No. 31 (1877) auf eine Rechnung aufmerksam gemacht, wodurch ausführenden Praktikern sofort die Dicke eines beliebig gegebenen Papiers deutlich wird. Auch in dieser Schrift habe ich mehrere Male Gelegenheit zur Anwendung gefunden.

In der Papierzeitung hatte ich die Papierdicke durch das Gewicht einer Fläche von 100 ☐ Zoll engl. im Riess von 480 Bogen bestimmt. Man kann diese Normalgewichte ebenso gut für Metermaass und Grammgewicht im Neuriess = 1000 Bogen aufstellen.

Das neue einheitliche Reichsformat wird 34 × 42 Ctm. sein und würde einer Papierfläche von 1428 ☐ Ctm. gleichkommen. Die Umrechnung des Gewichts auf 1000 ☐ Ctm. im Neuriess ergibt meiner Ansicht nach ein günstiges Orientirungsresultat.

Gesetzt den Fall ein Neuriess von 1000 Bogen im Reichsformat wöge 9 Ko. Dieses Gewicht entspricht einer Fläche von 1428 ☐ Ctm. im Neuries. Eine Fläche von 1000 ☐ Ctm. würde $\frac{9.1000}{1428} = 6{,}3$ Ko. im Neuriess wiegen.

Ein anderes beliebiges Format:

Buchpapier 87 × 105 Ctm. 47 Ko. im Neuriess.

Welches Papier ist dicker, das Schreib- oder Buchpapier? Letzteres hat 87 × 105 = 9135 ☐ Ctm.

1000 ☐ Ctm. wiegen folglich

$$\frac{47.1000}{9135} = 5{,}14 \text{ Ko.}$$

Das Buchpapier ist dünner, als das Schreibpapier und zwar um 6,3 — 5,14 = 1,16 Ko. pr. 1000 ☐ Ctm. im Neuriess.

Sachregister.

Additional material from *Die Thierische Leimung für endloses Papier,* ISBN 978-3-662-23932-2, is available at http://extras.springer.com